U0022424

彩圖 1
2000 年 10 月 25 日，我回到了闊別四十年的臺南一中，和教室旁的大榕樹合影。

彩圖 2
6 千 5 百萬年前，一顆直徑約 10 公里的小行星或彗星撞上墨西哥灣南緣的猶加頓半島，激起了大量塵埃，將白天變成黑夜，植物光合作用中斷，餓死了依賴植物為生的恐龍和其他眾多物種。

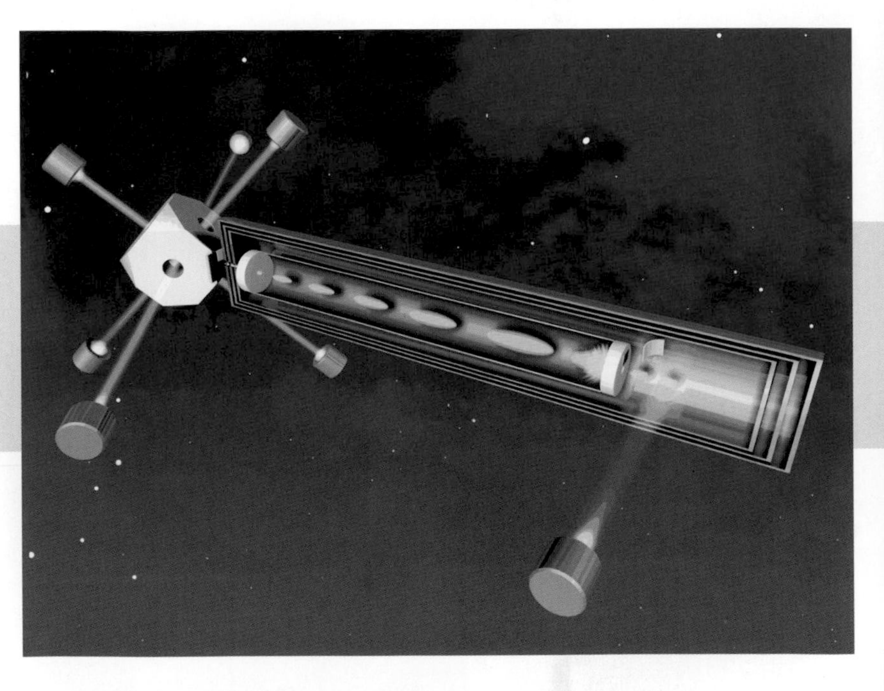

彩圖 3

太空站上的銫原子鐘示意圖。這類原子鐘全長約 100cm 長，對銫原子校對的時間可達近千秒，將時間測量的精確度推到一秒的一億億分之一。太空原子鐘每三億年才有一秒鐘的誤差。(Credit: Donald Sullivan/NIST)

彩圖 4
「鷹星雲」M16，距地球有 7 千光年，是星星的育嬰室。(Credit: NASA)

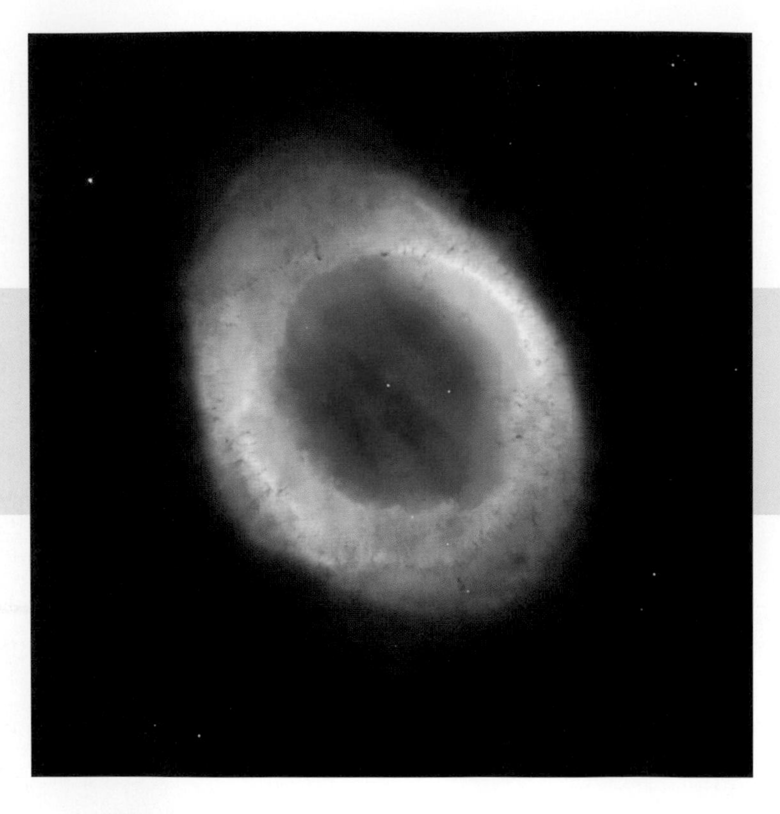

彩圖 5
「環狀星雲」M57，是百億年後太陽毀滅後的寫照。(Credit: NASA)

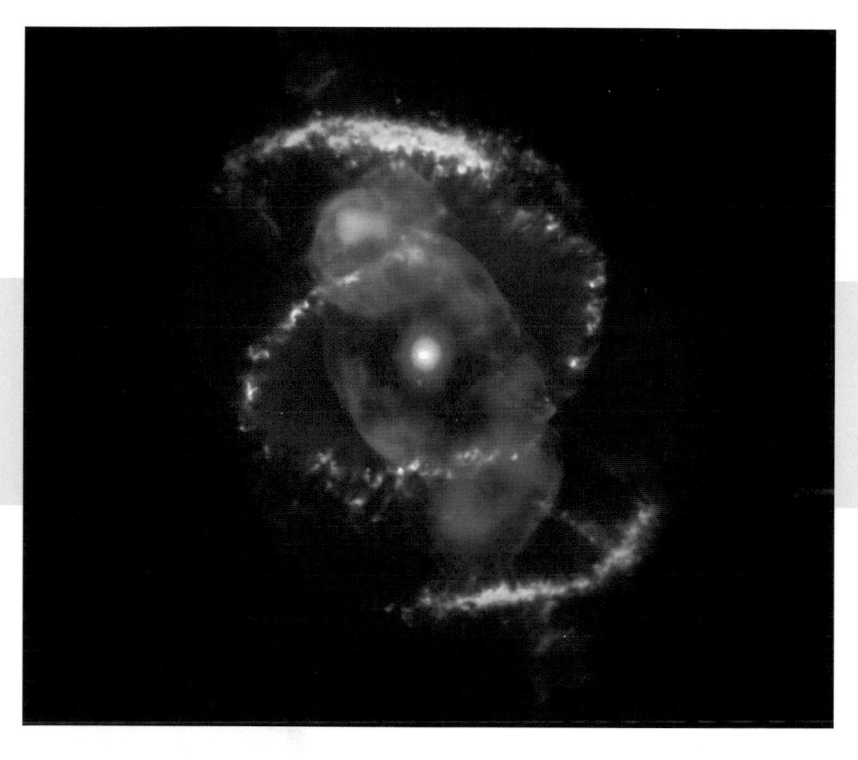

彩圖 6

NGC6543，俗稱「貓眼星雲」，像朵盛開的紅玫瑰，預先獻給終將毀滅的人類文明世界。(Credit: NASA)

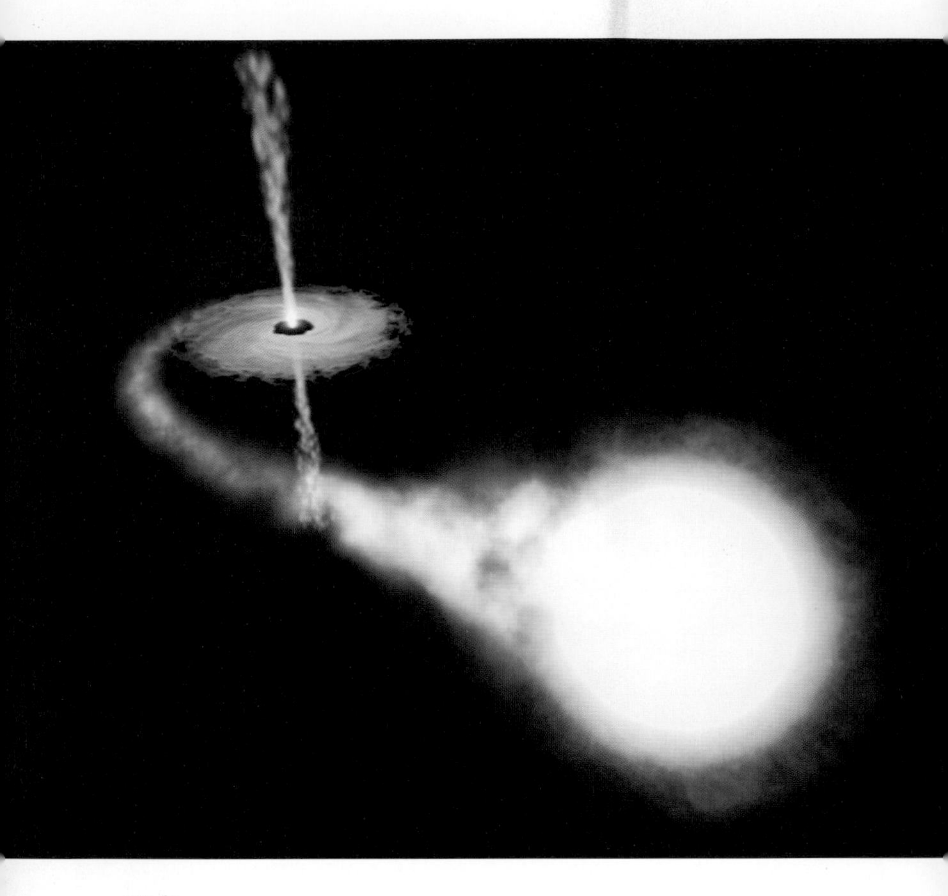

彩圖 7

畫家筆下「黑洞」示意圖。從哈伯攝得的影像看來，這個黑洞很可能存在於本銀河系內天蝎座內，叫 GRO J1655-40，距地球 6,000-9,000 光年。這個黑洞是個雙星高速旋轉系統，黑洞在圖左，經由超新星爆炸後形成後，開始吞噬它的伴星，也像類星體 (quasars) 一樣，把部分吞進材料，以近光速向上、下兩方向噴射出去。(Credit: NASA)

彩圖 8
「深宇宙」圖像。圖像中的星系，遠在宇宙邊緣，是大霹靂後不久宇宙形象的凍結。這張照片被美航太總署稱為「上帝的手」。(Credit: NASA)

彩圖 9
愛因斯坦的「重力場透鏡」以整個宇宙為光學實驗臺：100 億光年外的星雲，通過在 50 億光年的星系團 0024+1654 的重力場透鏡，在哈伯的焦點面上成像。(Credit: NASA)

彩圖 10

太陽系九大行星示意圖。(Credit: NASA)

彩圖 11

電腦處理過後的「水手號谷」低空俯視圖。由東朝面向「水手號谷」中央望去，谷壁結構清晰，支谷錯綜複雜，天地交接處，谷景開闊，氣勢磅礴。「水手號谷」長 4,500 公里、寬 250 公里、深 8 公里，比美國的「大峽谷」(Grand Canyon) 大 10 倍。(Credit: NASA/JPL/USGS/ 李佩芸)

彩圖 12
木星的第二顆衛星歐羅巴。木衛二表面是一層厚實的冰殼，冰殼下可能為深達 100 公里的海洋。科學家夢想送一架水中機器人 (hydrobot)，以核能加熱穿過數公里厚的冰層，潛入海中，四處漫遊照相，經由木衛二通訊衛星中轉站，把圖像送回地球。(Credit: NASA)

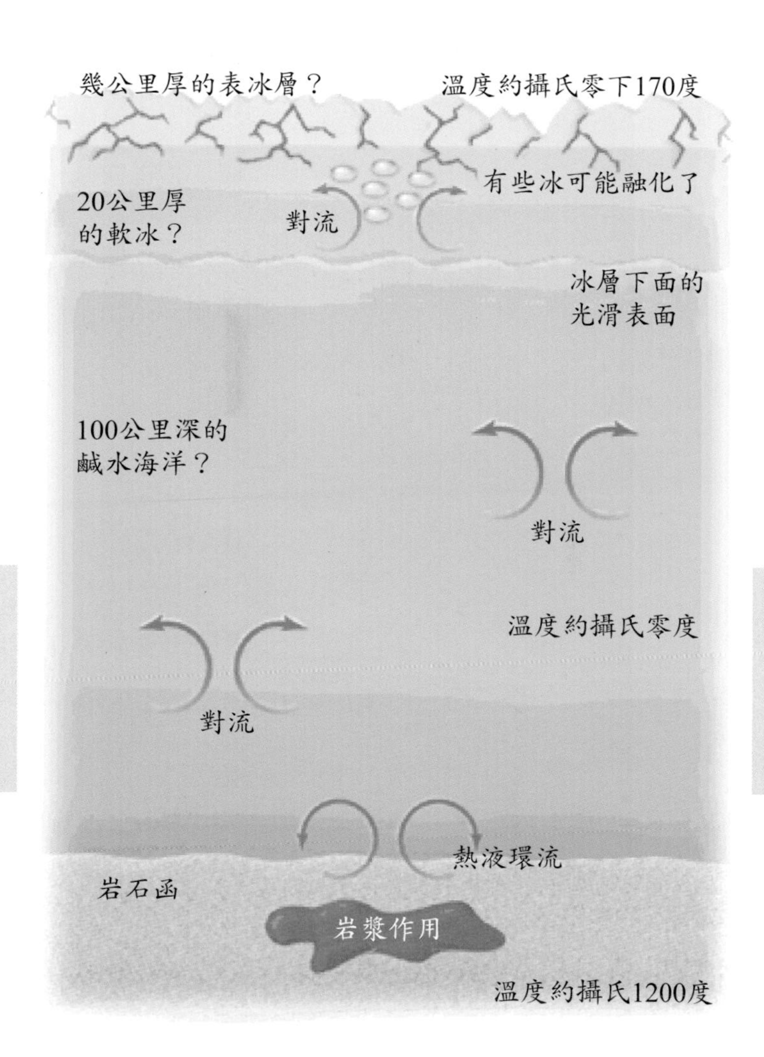
幾公里厚的表冰層？
溫度約攝氏零下170度
有些冰可能融化了
20公里厚
的軟冰？
對流
冰層下面的
光滑表面
100公里深的
鹹水海洋？
對流
溫度約攝氏零度
對流
熱液環流
岩石函
岩漿作用
溫度約攝氏1200度

承上圖

彩圖 13

目前乾燥無水的火星（下圖）與藝術家想像中過去有海洋的火星經緯圖（上圖）比較。火星過去真的有過浪濤洶湧的海洋嗎？(Credit: NASA)

別讓地球再挨撞

李傑信　著

推薦序一

兩位科學家的心靈交集

在普羅大眾的眼中，「科學」是冷漠枯燥，遙不可及的；因此，裡面的人——科學家也是莫測高深，不知民間疾苦的。然而，科學家眼中的科學卻是美麗新世界，神奇繽紛的，以至於讓他們終生浸淫其中，樂此不疲。這兩種觀感就像兩個世界，也像河的兩岸，它們之間得藉著對文學和科學都有素養的人來搭起往來的橋梁。本書的作者李傑信正是這樣的人選。

李傑信是美國航空暨太空總署 (NASA) 的科學家，又喜愛文學，近幾年一直從事這項搭建橋梁的工作，他以前的著作主要在介紹太空知識和生命起源。在這本新書裡，他不僅繼續脫去宇宙神祕的外衣以及探索生命的本質，更進一步介紹科學領域的另一面——科技管理，這讓我們看到一個國家如何制定其科學研究政策，如何分配資源，如何讓科學家盡其發揮所長。透過作者的描寫，我們彷彿在窺探科學家的思維，感受他們的喜怒哀樂。例如，作者描寫各國或科學家為申請或評審研究計畫時，彼此之間也會患得患失，甚或鉤心鬥角。原來，科學家和我們一樣——都是凡人！這本書讓科學和科學家不再只是飛翔於王謝堂前，而是能飛入尋常百姓家的。此外，這本書還真實呈現了一位從動手做實驗的太空科學家到成為科學家保姆的科技管理者的心路歷程。

科學研究有所謂的大科學 (big science) 和小科學（individual projects 個人計畫），它們都需要資源，尤其「大科學」，需要高價的儀器、龐大的研究群以及昂貴的經費。本書提到的太空探險、天文探測以及屬於生命科學領域的人類基因定序計畫都是屬於這一種，這種實驗需要精密周詳的規劃，嚴格的行政管理，按部就班，不能有分毫差錯。這種導向性的研究計畫好像和一般人對科學家的刻板印象——狂狷不拘、隨興起舞的創新思維——有點相左。但這兩類科學其實是相輔相成的，有自由發揮的「小科學」才能點燃新的火種，開啟新的領域，而組織龐大，規劃周詳的「大科學」，能讓人類跨越極限，瞭解或大或小的無窮的境界，美國航空暨太空總署所主持的太空計畫就是這種大科學。不論大科學或小科學都需要研究經費，如何讓經費做最有效的利用，便需要有專業的知識及能力來策劃經營，這就是本書作者所代表的科技管理人才。誠如作者所說，這些人雖無法享受親身做研究的樂趣，但他們的工作讓科學家可以更有效率的做研究，因此，他們也被接納為研究團隊的一份子，共同分享研究的成果。我們國內最欠缺這種人才，以致科學家花費許多力氣做行政管理的工作，既非他們的專長，也浪費了他們研究的心力和時間。在書裡，作者現身說法，讓我們能夠一窺科技管理人觀察科學家眾生的樂趣，這是在科學書籍中難得讀到的。

書中有關天文及生命的章節裡，李傑信繼續他在前幾部書所講的故事——生命從何而來？如何演變？宇宙從何而起？可有歸宿？在這些探討當中，我們發覺，我們在這方面所追尋的真理，在時空的隧道裡是多麼不對稱；生命在整個宇宙裡如此短暫，如此渺小，但生命卻為宇宙灌注了無比的活力。在這無窮盡的蒼宇，是不是只有如此小的星球上的生命在思索宇宙的誕生及未來？人類是如此孤獨嗎？作者以他流暢的文筆和科技管理專家的眼光帶領我們俯視全景，以致我們能以更寬廣的觀點來面對。

*　　*　　*

李傑信是我在臺南一中的同班同學。當年受到楊振寧、李政道得到諾貝爾獎的鼓舞，大家都立志當物理學家，我們也不例外。但我後來成了物理學的逃兵而改學醫，傑信則堅持他的理想，成為出色的太空科學家，進而主掌太空研究的科技管理，現在，他更是一位科普工作者。我自己本身從事生命科學研究，讀本書宛如聽傑信娓娓道來他對宇宙及生命的好奇，他對於生命的瞭解，讓我自嘆弗如！讀完這本小集，讀者將對宇宙及生命有更多一份的喜愛，也會對科學家產生一份親切感。

謹以此序祝福一位太空科學家和一位生命科學家的心靈交集。

賴明詔

2005年12月7日於臺北南港

注：本文作者現為中央研究院副院長。

推薦序二

鮮活動人，津津有味

接到傑信電話要我給他的新書寫序的時候，老實說，我不但受寵若驚，而且誠惶誠恐。

我自認是個與現代科學無緣的人。

在師大附中讀高中那個時代，我便給分進了文班，不必在數學課睜著眼睛打瞌睡，已經是一大解脫。

讀哲學系那一陣，我自動放棄偏向數理的哲學思考，選擇人文傾向的領域，我的哲學素養難免不夠周全，然而，習性使然，遂甘之如飴。

學習生活過程中養成了一種偏食的習慣，成年後總是覺得缺憾。

傑信的書稿寄到後，我硬著頭皮開始讀；沒料到的是，居然越讀越津津有味。

我問自己：為什麼冷冰冰的、「非」人性的科學題材，傑信能寫得讓我這樣一個與科學絕緣的人讀出興味來呢？

科普的目的，我設想，主要就是向未入門或剛入門的讀者提供食物和營養，但我知道，這是看來簡單實際上極難討好的工作。科普書最難做到的就是深入淺出。如何以普通人的語言，說明普通人不懂甚至不感興趣的問題，是科普作者最大的挑戰。這就像幼兒的智能發育到即將發展出抽象能力的前後，做母親的，要如何告訴孩子，她的手指不是月亮，手指末端無限延伸的遠方，那如餅又圓又白的天體，才叫做月亮。

第一流的科普文字，除了簡單易懂，還要鮮活動人。所謂鮮活動人，即必須有想像力，能與讀者的文化背景和素養產生聯繫。

我這個科學白痴所以讀傑信的書津津有味，就因為他的解題方法化深為淺，平易近人，而且，書寫的方式也做到了「鮮活動人」這四個字。口說無憑，我舉個實例：

在〈跟著水走〉章，作者介紹近年來美國航太總署登陸火星計畫中尋找生命起源這一工程的構想和做法，為了讓中文讀者了解整體運作的困難程度，作者用了一個比喻：「有如在上億公里外遙控細線穿繡花針」。

所有乾巴巴的物理定律和數據，就因為如此巧妙、易懂又符合中國人文化背景的一個簡單比喻，全都變得容易明白了。這就是「淺出」。

像這樣的例子不勝枚舉，我只是要藉此指出，傑信寫作時，不但考慮到讀者大眾的非專業水平，而且，他心目中的讀者，是有一定的民族文化背景的。這便與一般翻譯或改寫自外文科普讀物的做法完全不同。我看《紐約時報》差不多有三十多年的經驗，每星期二的「科學版」我也經常選讀，但從來沒像讀這本書這麼津津有味，道理就在這裡。

當然，傑信還有一個祕密，他寫的東西跟他多年來的專業活動息息相關。這本書所涉及的範圍與題材看似廣泛，從科技實驗研究的管理制度、科技發展與政治的複雜關係到人類最尖端的科學探索，幾乎無所不包。然而，所有這些題材，都通過了他個人二、三十年間深入其境的專業實踐和體會，因而與一般教科書有天壤之別。這種「深入」，因而保留了人的體溫。

如果像我這樣一名數理科學低能兒都能讀得這麼有興致，並因此而受益。一般本來就對科學有興趣的年輕朋友，想必更將受到啟發與教育。

所以，我寫這篇序，雖明知不夠資格，還是大膽寫了，也是津津有味之餘，竟覺得責無旁貸了。

劉大任

2005 年 12 月 5 日

注：本文作者為知名作家

contents

contents

contents

我心中的榕樹

「路邊一棵榕樹下是我懷念的地方，晴朗的天空，涼爽的風還有醉人的綠草香……路邊一棵榕樹下是我見妳的地方，甜美的笑容，親切的話還有默默的情意長……」。

多少年了，多少遍了，每當我長途開車的時候，百聽不厭的總是這首「榕樹下」。人生一路走來，珍藏在心中的往昔，那令我懷想的一切，都會從一棵大榕樹盪漾開去。

那是一棵生長在我的母校——臺南一中教室旁的大榕樹（彩圖 1）。2000 年 10 月 25 日，我回到了闊別四十年的臺南一中。熱情的師生，化開了我濃濃的鄉愁。校園裡那棵榕樹別來無恙，手臂粗的鬚根已深深扎進那片土地。

還有另一棵榕樹，躲在後街，旁邊我幼時居住的一片日式宿舍早已拆除改建，它孤獨地站在那裡，為我快樂的童年做僅存的見證。

我的老家在瀋陽。是媽媽把我帶到了榕樹下。1947

年林彪攻佔了東北，瀋陽淪陷了。媽媽像一隻母狼，衝破族長們的反對，堅持把四個孩子從戰火中帶了出來。她的一句話：「共產黨來了，小孩子的教育怎麼辦?」決定了我一生的命運。

那年我五歲，在逃難的跋涉中，趕不上九歲大哥的步伐；個頭太大，又坐不上爸爸推大妹的獨輪車；更無法像一歲的小弟那樣鑽進媽媽的懷抱。在天寒地凍、死屍遍野的東北大平原上，我越落越遠，終於變成媽媽不時回頭關注的地平線上一顆跳動的小黑點。

父親是位醫生，剛到臺灣，職業不定，我南南北北換過六個小學，但和逃難的歷練相比，適應陌生環境的難題，對我來說，只不過是認識新同學的遊戲。

1979 年底，我受父親囑託，回到瀋陽探望分別三十多年、六十多位叔姑堂兄妹們。他們剛剛從文化大革命的浩劫中走出來，滄桑歲月刻劃在每一個人的臉上。而我那時已在美國讀完物理博士學位，在加州理工學院噴射推進實驗室從事太空科研工作，與他們有著截然不同的人生。

從上學讀書開始，我就記住了是媽媽為我們爭取來的受教育的機會。

當楊振寧、李政道為中國人拿到了第一個諾貝爾物理獎的時候，我讀初三，這是我後來決定以臺大物理系為第一志願的導火線。我求知的階段，正是太空啟蒙的年代，從收音機裡，我聽到過甘迺迪總統要登月的豪言壯語。

大學時代，一場驚心動魄的太空科技角力賽，在美蘇之間熱烈展開。在加州大學研究所唸書的時候，美國的「阿波羅」計畫已到組裝階段，巨大的「土星」三節火箭，一次就試射成功，使美國終於在 70 年代結束前，實現了甘迺迪總統的諾言，登上了月宮。

我幾乎和太空時代一起出生。在成長過程中，所見所聞，都烙上了太空的印痕。每次拿護照過海關，我就覺得我們都是地球人、世界公民。從外太空來看這顆在宇宙中渺小的藍色星球，所有的地球人都是一國的。對我來講，世界很小，而地球上的人卻仍然貪婪爭奪、戰爭殺伐。我身上的「太空基因」喚醒了我，矢志要為人類和平使用太空，終身奉獻。

年輕時，鑽研在狹窄的科研領域，一個小小的發現，常使我興奮得徹夜難眠。迷人的科研工作，把多少科學家終身鎖在象牙塔裡，在學術論文、國際會議中留連忘返。我在 1987 年計算過，每年四篇像樣的論文、四次國際會議中的學術報告，到我退休時，可再累積八十篇論文。我的墓碑上也許能刻上幾句學術貢獻的讚語，但我會心滿意足，緊抱著這些成就，靜靜地躺進六尺深的黃土中，向人生道別嗎?

在噴射推進實驗室工作時，我眼前那層迷濛的薄霧，在「維京人號」每天從火星送回的氣象報告中，逐漸消失。我清晰地看到，人類已將整個太陽系和宇宙做為實驗室，我自己那一點狹窄的科研思維領域，已無法滿足我精神上的需求。

在美國，英語世界的科普書籍十分豐富，在太空領域，更是汗牛充棟，美不勝收。我想，是哪些作者有那麼多時間，寫這麼多與科研無關，而只造福一般老百姓的科普書籍呢? 我沒有找到答案，但肯定與科學家們執著的人文關懷有關。科學家們要和他們的同胞分享得到新知的喜悅。他們疼他們自己的人。

以中文直接寫作的科普書極少，在每年上百本的科普出版物中，屈指可數。要寫本好的科普書，更不是件容易的事。因為書中所包含的遠遠超出個人專攻的科研領域，而科普作者不但知識面要廣，還要有勇氣，寫些自己不在行、但書中需要的內容。另外，成書困難，評書容易，中國人的傳統是藏拙，這或許是書少評多的原因。

我要用我的母語——中文，寫科普的書，直接給我自己的人看。我的美國朋友、同事都要我出英文版《追尋藍色星球》、《我們是火星人?》和《生命的起始點》。

我說，先出中文版，如有需要，再從中文翻譯成英文吧。

從 1987 年到航太總署做事起，我逐漸建立起太空基礎物理研究項目，並負責科技管理工作，服務對象是美國及世界各國優秀的科學家，目前包括八位諾貝爾獎得主和眾多的科學院院士。我管理的太空科研項目有豐富和廣泛的科學內涵，使我的科學視野在不斷的學習中逐漸開闊。在管理這些項目的過程中，我得使用先進的科技管理理論，也要處理各類人際關係，接觸科學家們的日常生活，與他們一起喜怒哀樂。我的工作是以世界太空科技先進的國家為舞臺，落實在平凡人性的處理上，呈現出來的是一個多面立體的世界。

現在，我常行走於世界各地，自詡為世界和宇宙公民，為人類做天上的事。宇宙的知識，讓人類懂得自身的渺小，可在世俗的生活中，增加自我反思，對人類在地球上長久地生存，或許能產生一些正面效果。

我生活在異國他鄉，但少年記憶中的榕樹在我心中永存。假如有一天，我登上了火星，我一定用一架高倍望遠鏡，對準太陽系中唯一的藍色星球，尋找在太平洋西岸的臺灣，和臺南的大榕樹。

規劃

——下棋？預測？

我喜歡看下棋：棋士全神灌注，待對手把棋子擺定，再審視全盤棋勢，找出最佳對策，你來我往，直到終盤。

人們雖然知道下棋之道在於你下一子，我應一手，永遠以對付現時棋局為主，絕對不會在對手沒有敲定一步棋子之前，就將自己未來的十步棋一字擺開，等對方好整以暇地包圍殲殺。所以，我們知道棋是要一步步地下，不能操之過急，以免自取滅亡。但在日常生活中，我們卻常常求神問卦，逼切期望知道個人生命中將面臨的下幾步棋，企圖洞察未來玄機，好能趨吉避凶，甚至渴望預知股盤走勢，大賺一筆。

實際上，人世間能預測的事情恐怕只有兩項：納稅和死亡。即使如此，也不能預知繳稅的數額，死亡就更不知何時了。雖然在純理性範疇，人們預測了行星的軌道、化學元素的性質等等，但在極微小的原子世界中，就無法確知電子的行蹤了。整個核子結構是上帝擲骰子的結果。宇宙更是個大賭場，搖出的樂透獎，高深莫測。

但科技管理人員卻喜歡預測，並樂此不疲，包括我自己。

以我家後院建陽臺為例，我設計的整體規劃，陽臺需打八根樁子，面積 20×20 平方英尺。僱來的工人已造過上百個陽臺，材料費一算就知，工期三天。施工後不久，第三個樁子碰上了老樹根。清除老樹根得動用重型設備，工期延長一天，經費追加三分之一。整體規劃是一條單線進行的施工計畫，按部就班，逐步實施。施工步驟一旦與水晶球裡看到的不一樣，就會驚慌失措，猛加預算，照既定方向前進，在所不惜。

事後檢討，如果我以「下棋」的策略來規劃陽臺，結果會相當不同。在合約中，我會保留臨時修改藍圖的權力，避開樹根，並要求分批購買材料。完工的陽臺雖與規劃的略有出入，但更切合實際，還省了一筆錢。

綜觀人類 20 世紀大工程計畫，諸如水壩、機場、阿拉斯加油管、紐奧良半圓頂體育中心、化工廠、高速公路等一千多個實例，皆以整體規劃為施工準則，包含許多一廂情願有利於工程的預測。這些工程，蓋棺論定，平均追加預算為原合約價格的 50-100%。武器系統和太空大科學計畫追加預算，數字則更為龐大了。

有的專家認為，預算超支可能與低價搶標有關，這好像和施工中的不可預測因素並無關係。這種說法，似是而非。以低價進場的工程，還是以整體規劃為準則，估價過程中含有許多結果無法得知的因素在內。低價搶標只會變本加厲，產生雪上加霜的效果。

目前人類的整體工程規劃，以「預測」為基礎。預測和占星卜卦殊途同歸，是管理者難以突破的瓶頸。棋士對弈，則審時度勢，兵來將擋，水來土掩。這裡面也許蘊藏了無限玄機和智慧，能帶領管理人員，走出死角。

把話說準了

春節放假期間，邀請幾位新朋友來家裡小聚，由於他們從未來過，便打電話告訴他們地址。屆時友人來訪，天南地北暢談一番，盡歡而散。

新的朋友從沒來過我家，只憑電話中幾分鐘的交談，就完全有把握找到一個陌生的地址。在地球漫長的生物進化史中，99.93% 的時間裡，沒有任何物種能達到這個不可思議的境界。人類出現後，以語言凝聚了群體的智慧、力量，爭取到主宰地球的地位，再佐以幾千年前發明的文字，累積和創造了神奇的人類文明。

語言是溝通思維的工具。講的一方把思維訴諸清晰的語言，好使聽的一方能懂。語言對每個人都很重要，更是科技管理者每天使用的重要工具，對語言的本質有些粗淺的認識，有助於提高業務的素質。

人類的語言可分為感情、推測和報告三大類。

感情類語言一般以二元化表達，如冷熱，愛恨，好壞等。這類語言通常不夠精確，例如人類向異性示愛，雖然聽者受用，但基本上是筆糊塗帳，原因是「愛」有深淺、久暫之別，聽者通常在荷爾蒙的催動下，只能被羅曼蒂克的氣氛牽著鼻子走。但這類語言描述了淒豔的愛情故事，創造出不朽的文學作品，是人類語言中的精品。

人類常以已知推測未知。這類語言的功能宏大，例如地質學家可以根據某地的地質數據報告，向石油公司做出打探油井的建議；技師聽了發動機的聲音，就能猜測出有毛病的部位；醫師由病人表面的症狀，就有信心診斷出深藏體內不得一見的病情。人類當然期望推測準確，但石油公司因乾井而破產和庸醫誤人也時有所聞。我們對推測性語言不能完全放心。

報告性語言以能證明的事實為基礎。比如警察捉到了嫌疑犯，在法庭上不能只說他是壞人、累犯，就能定罪。檢察官一定要提出嫌疑犯在現場證明、行兇動機、手段等才能結案；控訴某公司逃稅，以查帳的數字定論；採購員的貨品買貴了，要以市場標價為準等。

他是壞人，為感情語言；他有前科，可能會再作案，是推測語言；證人看見他在下午三點走進某銀行持槍搶劫，是報告語言。

科技管理者要和各行業人員打交道，每天面對的是冰冷的科學原理，每天的成就是達成既定的生產指標。而年終考核成績單中最重要的因素之一是個人對整體生產量和公司利潤的貢獻。在科技管理者的工作中，通常以報告性語言為主要工具，同時也要掌握各類語言的特性，靈活運用，以最精確的方式與人溝通，才能圓滿達成任務。

買保險

天有不測風雲，人有旦夕禍福。日常生活中買各類保險，以防萬一。傳統的人壽或汽車險，投保者預繳保費，一旦出事，保險公司則依約理賠。保險費也可能以不同的形式出現。例如陰天帶傘，保險項目是下雨不被淋濕，保險費是帶雨傘，負擔是多出了一份重量和體積。上天的科學儀器出事率高，也得買概念上廣義的保險。

把科學儀器送上天，費用昂貴。當然我們可找家保險公司，談妥條件，如果儀器在火箭點火發射後失靈，保險公司賠償損失。即使賠償金額足夠再複製一套儀器送上天，但錯過發射窗口開放的時機，收集科學數據的時效已失，仍然造成任務流產。所以，一般上天科學儀器的保險目的，不在於金錢上的賠償，反而更重視儀器能按時升空，上天後能正常運作，如期完成任務。

增強儀器如期發射和在天上正常運作的可能性，就必須在經費、硬體和零件備份、強化零件篩選和測試等三方面得到保障，才能奏效。想取得這三種保障就要付出一定代價，這代價也就是廣義的「保險費」。

在新型太空儀器研發和製造的過程中，有保障的預算應明列「機動經費」，約為儀器總估價的 25%，以應付各類突發事件，如科技瓶頸、加班工資等，以保證儀器能按期交貨，如期發射。另一大項則為俗稱的「定義投資」，以低費用在儀器研發初期，預先找出和突破各類科技瓶頸，為後期硬體製造掃除路障。定義投資一般約為儀器總估價的 10%，如「哈伯望遠鏡」在 1978 年的估價約五億美金，定義投資額則應為五千萬左右。這項費用要在硬體製造前就得批准，並可動用。科技決策人一般對定義投資傾於保守，不願花這筆「保險費」，結果常在硬體開始製造後，反得花上比定義投資高出十倍的價錢，回頭來開發瓶頸科技。這種心存僥倖的心理，是難以克服的人性弱點。

太空儀器的重要部件，常有數套，如姿態定位陀螺儀和電腦控制系統等，第一套壞了，可啟用第二套，繼續維持儀器正常運轉。如儀器能在太空維修，太空人可攜後備零件，以應急需。另外，在製造飛行硬體時，也同時製造工程發展和地面控制原件，以備天上飛行儀器出現故障時在地面尋找問題癥結之用。

在強化零件篩選和測試方面，儀器使用各類最高品質零件最為重要。以半導體零件為例，每個零件都得有「出生證明」，甚至追溯至原料二氧化矽的來源，並且每個零件都是同批貨中篩選出的極品。零件按組裝順序逐一測試，並視零件的關鍵性，將其分類為 A、B、C、D 等等級，以不同步驟，嚴格執行組裝測試程序，以保證儀器最後經摔又經打，以金剛不壞之身出爐。

走小道、抄近路、不買保險的儀器上天就壞，屢試不爽。它們是墨菲先生❶的顧客群，不是好的太空儀器。

注：

❶工程人員戲稱墨菲先生制定了「墨菲定律」(Murphy's Law)，專挑儀器、機件毛病，絕不通融。送上太空的儀器，只要有一個毛病，墨菲先生一定把它找出來，放大渲染，陪玩到底，不搞到機毀人亡，絕不罷休。俗稱墨菲定律。

小蔥拌豆腐

我在工作中常需要管理研究計畫的評審。

評審委員對被評審的提案，一定要做到公平、透明，才能讓被評審者心服口服。一件研究計畫提案，關係到一個研究員事業的前途；在經費競爭激烈的情況下，只要評審過程略有閃失，將導致評審信用破產。更嚴重的，在開放的社會裡，每個人都可經由各類途徑，提出申訴，因此，倘若處理不當，則後患無窮。

選擇適當的評審委員人選時，過濾評審和被評審者之間的人際關係，恐怕是最困難的環結。

敏感的人際關係，沒有正式記錄，僅能從道聽塗說的蛛絲馬跡中去尋找、判斷。按規矩，評委在被任命時，都要宣誓與被審者無私人恩怨，還得在「沒有利害衝突」的文件上簽字。但每位簽字者對利害衝突的認知不盡相同，並且，每個人對自己的作為，都有比較利於本身的詮釋，可能與文件精神並不完全符合。管理人員的底線是：即使簽了字，關注雙方是否有利害衝突的警惕性，仍不能絲毫放鬆。

有一次，在初審一位教授的計畫時，三位評委給予了高度評價。但他的計畫被提到十五位評委組成的大會討論時，一位評委提出異議，對提案的科學內涵發出攻擊，猛烈程度超乎尋常。另一位評委指出，該評委與那位教授是十年前的同事，不宜發言。但該評委不以為然，認為「利害衝突」以五年為限，現五年已過，他有發言權。管理人員對這類偶發的緊急情況要當機立斷。我與評委會主席商議，由主席出面，請該評委暫時退席。他退席後，留下未完成的評審案子，竟揚長而去。該評委是一位相當傑出的物理學家，兩年後當選了美國科學院院士，但我再也沒邀請他做過評委。

還有一位年輕研究員的提案，眼看就要順利過關。不巧他六年前博士論文的指導教授在場，並宣稱五年已過，也加入討論，給予肯定。管理人員擔心的是：即使評委全數通過，以後若傳出「他的提案有老教授護航，不公平」的謠言，將對他日後的科研事業，造成傷害。所以主席還是請老教授退席，等定案後再歸座，不要幫倒忙。

總而言之，評審工作一定要像小蔥拌豆腐那樣，一清（青）二白。

同行評審

我負責的太空基礎物理科研項目，每兩年徵集一次研究計畫，全世界的科學家都可參與。上百件應徵計畫按時送到，是科研者多年心血的結晶。每份提案的後面，都跳動著研究員一顆期待的心。處理這些計畫，我也就格外小心謹慎。

研究計畫分為地面研究和太空飛行實驗兩類。飛行實驗費資浩大，通常由成熟的科研團隊提出，約佔總提案百分之十。先挑出不符合徵集規格的計畫，與提案者接洽，商討處理辦法。再找出太空飛行實驗計畫，交給有關太空中心做初步飛行可行性鑑定。然後把計畫分類，開始甄選評審委員。

評委的基本條件是在行的專家。附加條件是：不得是提案人；不得是我部門現任研究員；與提案人沒有門第、同事、社交、恩怨、共同發表論文關係等等。我對人際關係不強記，不重要的自然遺忘，有關的會逐漸在腦海裡建立起一個人事資料庫。

其他國家某領域頂尖學者，我們也會特別禮聘，以期組成世界級評審小組。臺灣清大有位相對論專家，就曾撥冗為我們評審了十二項提案。

評審委員任命前得宣誓與提案人沒有利害衝突關係。評審期間，如有質疑，委員可自動或被要求退席，等該提案討論完畢，才再入場。評審委員的身分不對外曝光，以杜絕評審期間的關說活動。提案內容也一律保密。

視提案種類，每次需設四至八個分組評委會。每份提案分寄三位審讀者。每位評委主閱六份、副閱六份，一個月內完成書面審評，擇期碰頭開評審大會。評審要求公平、透明。評委個人意見要拿到桌面上看著其餘評委的眼睛，公開討論，以求共識。聆聽專家學者唇槍舌戰，真理越辯越明，是我工作中最大的享受。

各分組評委會代表科學團體，推薦最佳提案。視政府經費多寡，也推薦數個次佳提案。一半以上的提案都被打入不予考慮類。

落選者可以書面提出申訴，再審定案。落選者的提案則被退回或銷毀；中選者提案，接受政府經費後，所有納稅人可索閱。

中國俗語說的「文人相輕」，在民主制度的同行評審下，消聲匿跡。

第二象限

小時候，常愛看螞蟻打食。野地裡，成隊成隊的螞蟻，勤勤懇懇、辛苦勞作。長大後，學到了一些科技管理知識，螞蟻打食的回憶偶爾在腦海裡閃過，才恍然大悟，嘿！小小的螞蟻們做的竟是第二象限裡的事呢！

人間萬事，以輕重、緩急區別，可分成四大類。如果把一個正方形以兩條垂直線等分為四塊，可標明上面兩塊為重要區域，下面兩塊為不重要區域；左邊兩塊為緊急區域，右邊兩塊為不緊急區域。第二象限則位於東北方，屬於重要但不緊急的事情領域。重要而又緊急的事情歸於第一象限，座落在西北角。不重要但緊急的事情劃分到西南隅，為第三象限。不重要又不緊急的事，位於東南，稱第四象限（見 p. 21 附圖）❶。

第一象限裡的事重要又緊急，如工作單位的財務危機、產品退貨、重要會議、生產線抛錨、大客戶來訪等等，件件火燒眉毛，得馬上處理。因為是在緊急狀況下處理重大事件，沒有足夠時間深思熟慮，自然容易失誤。所以，管理人員的重要職責，就是把這個象限裡的事件數目降至最低。

第二象限裡的事重要但不緊急，換言之，就是把重要的事提早完成。比如向主要顧客提出的報告，要給與充分的思考時間，並與有關同事和上司討論，慢工細活，取得客戶信任。公司價值觀念的建立，產品品質的管理策略，工作人員素質的提高，團隊精神的建立，人際關係的改善等等，都是絕頂重要而又花時間的工作。在這個象限裡下的工夫越多，第一象限裡的事就相對減少。恰如螞蟻預先儲糧過冬，用充分的時間將這頭等大事早早做完，寒冬來臨絕不手忙腳亂。螞蟻選擇了第二象限，做為牠們生存演化的利器。

第三象限的事不重要但緊急，是公司的內耗區，包括：老闆交代立刻辦的小事，大大小小不重要但必須出席的會議，不重要的公事電話，回覆到期的例行公文，社會活動等等。據統計，沒有效率的公司每天浪費高至75% 的時間在第三象限裡，工作人員似乎都忙忙叨叨，但像輪子打空轉，使不上勁。

第四象限的事不重要又不緊急，一般出現在政府部門或公辦公司較多。偶爾也是有些工作人員「摸魔」❷的領域。太多時間浪費在第四象限，是人浮於事的現象，也是公司該整頓的時候了。

茫茫世事，要做的太多，千萬別把精力耗在第三、第四兩個象限裡。管理人員應向螞蟻學習，多做第二象限裡的事。不妨經常在辦公室門上掛起「在第二象限中」告示牌——同事們，沒重要事，請勿打擾。

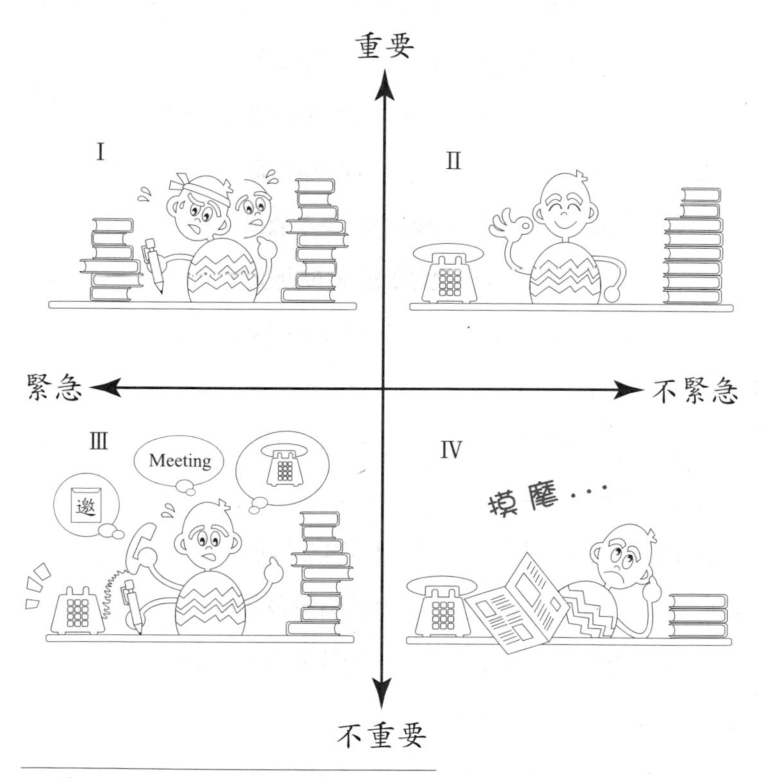

注：

❶這裡四個象限的定義與中學數學教科書中傳統定義有別。

❷臺俚語，意為偷懶。

科研者的好管家

物理學家終於在實驗室裡第一次看到白矮星和中子星內部平衡星體重力場的力量。

白矮星是太陽五十億年後的歸宿。太陽以氫核融合能量，對抗亙古重力場的強權打壓。氫用完了以後，在重力場的強壓下，開始收縮，溫度增高，激起氦核融合反應，再次向重力場爭討地盤，膨脹成紅巨星，可吞噬地球。氦燃料將再用盡，開始冷卻、收縮，終以白矮星收場。

天文物理學家以理論推測，白矮星沒被重力場擠壓成黑洞，內部平衡力量應來自量子力學中的「佛米壓力」❶，「佛米壓力」，人類難得一見，現在竟然在實驗室中被直接觀察到，是一項重要的科學發現。

從 1920 年代起，量子力學預測了許多物理現象，如超流、超導、波茲愛因斯坦凝質等「神器」級的奇特現象，一直等到 1990 年代中期，雷射冷卻技術發展成熟後，才設計出各類量子實驗方法，對這些現象做有系統的觀察、研究，並發現更多的量子現象，把量子力學推向一個應用的時代。

美航太總署是工程科技組織，不是科研單位。其主要任務是操作太空梭、發展和組裝太空站，科研經費僅為總經費的 5%。在工程掛帥的環境下，發展基礎物理項目，常有孤軍奮戰之感。在預算風雨飄搖時，科研經費經常首當其衝，砍裁切減不乏其例。

科研人員能做出好的成績，首要之務是要有一個穩定的研究環境，不能每年苦尋經費，耗掉寶貴的科研時間。物理學家又都是無可救藥的自由主義者，他們的老闆是上帝，略加人世間的束縛，就無法攀登學術巔峰。「曼哈頓計畫」、「阿波羅登月」管理方式，只適合科技發展項目，不適用於科研管理。由上而下的計畫科研較難做出優異的成果，並不是研究員不聰明努力，而是思想受到束縛。許多偉大的科學發現都是在偶然情況下產生的，沒有自由發揮，就沒有偶然發現。

科研管理首要之務是尋找並穩住經費來源。許多項目競相爭取政府經費，一個項目如何能出人頭地，我認為應以品質為衡量標準。從 1993 年起，我開始在美航太總署總部發展基礎物理科研項目，以公開徵求研究項目的方式，通過公平的同行評審，逐漸建立起一個太空基礎物理科學團體，選出世界級的研究員，為太空物理科研出力。當美國航太總署遭媒體或國會質難時，世界級研究員常挺身而出，現身說法，闡明太空科研的重要性。在經費波動時，世界級研究員也常是護身符，保護整個項目安然度過暴風雨。

「佛米壓力」是一組年紀輕、衝勁大的科研隊伍測量出來的。他們能做出這麼好的成績，對我一個科研管理人員而言，是相當欣慰的。

科研管理人員要做科研者的好管家，每天的業務是照顧研究員們的研究生活，保證科研經費準時到位，免去他／她們的後顧之憂，創造出一個自由穩定的研究環境，放手讓他／她們向學術殿堂衝鋒陷陣。

注：

❶宇宙間有四種力量，即重力、電磁力、弱核子力和強核子力。「佛米壓力」是強核子力，為對抗重力場最後的一道防線。重力克服「佛米壓力」後，就長驅直入，將所有星體打壓成黑洞。請參閱本書〈哈伯望遠鏡中的時空隧道〉章。

書，得自己讀

如果有了「腦帽」，則……

花幾分鐘就能學會原本要耗上多年光陰才能專精的技術……。（Arthur C. Clarke 著，鍾慧元、葉李華譯《3001：太空漫遊》(*The Final Odyssey*) 第六章，天下文化）

古人也有過這樣的嚮往……

後漢馬融勤學。夢見一林花如錦繡。夢中摘此花食之；及寤，見天下文詞，無所不知。時人號為繡囊。（唐朝鮑堅，《武陵記》）

人類有強烈的求知慾。但書海浩瀚，人生苦短。最好能戴上「腦帽」入睡，醒來後千年宇宙盡在一心。或在夢中吃上一片錦繡林花，就能晉級成學富五車的宿儒，生命就輕鬆了。

我最常聽到的感嘆是：「如果能把英文用電腦往人腦裡灌該有多好！」其實，以目前科技神速的進展，人類對大腦神經元和其間網路的結構已略窺一二。可恨的是，人腦雖慢，但記憶儲存位元量比電腦要高出上萬倍。並且人腦所使用的程式可能不是 0 和 1 的二進位系統，邏輯結構也可能比「是」和「不是」複雜上千倍。所以，不好的消息是：現在人類技術還無法把「學問」往腦子裡「灌」，書還是得自己讀。

讀書方法各有千秋。以我自己為例，讀書以興趣為主，絕不勉強讀不喜愛的書。對某類知識持續鑽研，讀好書最為重要。工作之餘，時間和精力都有限，對書的選擇更應嚴格。選書先看書評，能勾起我興趣的，才肯花時間細讀。好書很快就能看到作者宏觀的理念和思維的精華。書中遇到關鍵問題無法突破，有時得另查參考資料，或致電學者專家釋疑解惑。我們讀一本書能記住幾句作者想說的話，就算大有斬獲。多讀幾本相關的「五星級」作品，就有機會把一些零散的知識凝聚起來，成為一套完整的道理。隔一段時間，找幾位知己神聊一晚，等於溫故知新。我身邊也總帶著一臺袖珍錄音機，常在開車時自言自語整理思緒。這是我的「腦帽」，向自己慢速灌輸、存檔。

在當前資訊以爆炸性速度增長的時代，多數人每天受益於大量資訊資料。進辦公室後，電腦一開，全世界的資訊任君取閱。足不出戶而知天下事，如今是 100% 達到。目前人類白領階級整個身心浸淫在資訊裡，在電子的世界中以光速交換訊息。e 世代以高科技族群自居，資訊第一、網路掛帥，但掌握的知識卻越來越貧瘠。

資訊和知識不可同日而語。資訊是 information，知識是 knowledge。從網路上不用大腦就可接觸到幾乎是無限量的資訊資料，比如機票、旅館的價格，國家劇院下一季的節目，各類商品種類、價格對比。當然，這些還是屬於善良一面的資料，惡毒的就更多了。在網路上當然也能閱讀有知識內涵的資料，比如在〈智慧的瑰寶〉章中指出如何從網路上取得諾貝爾獎大師們的得獎內容和他們的生平簡介。這些都是五星級的知識，但獲取這類資料後，需要消化整理，這個消化整理的工夫，則是人類因惰性使然而極不願從事的累人腦力活動。

當下有些 e 世代青年，終日沉淪在網路上的資訊世界，四肢不勤五指發達還是表面上可以容忍的現象。沉迷網路資訊最大的害處，就是超額用掉所有追求知識的時間，擱置大腦皮層發展於不顧。如果每天能給自己留下一、兩個小時的高品質閱讀時間，遠離電腦，專心為大腦細胞做加氧運動，持之以恆，書卷的高貴靈氣就會從言談舉止中悠然流洩而出。

資訊是儲存在大腦以外的資料，要學的部分是如何獲取這些資料的技術和使用它的方法。知識則是人類靈魂的糧食，是需要往腦子裡輸送的材料。知識是人類進步的原動力，資訊只是知識的副產品。

有一天，也許人類真的能發明出「腦帽」，那我們就不必整日孜孜讀書不息了。但也只有靠我們現在孜孜讀書，將來才有出現「腦帽」的可能。

不過，那天到來之前，書，還是得由自己一本一本的讀！

劍光麻瓜

每當想起我成長求學的日子，留下的幾乎都是唸書考試的蒼白印象。偶爾靈光一現，也能回憶起一些快樂的少年時光。

寒假中，躲在溫暖的被窩中看租來的武俠小說是一大樂事。翻開第一頁感到幸福，讀到過半滿腔亢奮，看完後便是好日子過完了的惆悵。總的來說，那是一種從升學考試壓力中的暫時逃脫。對考第二類組的理工高中生，附帶也提供了一個讓左腦休息、給專司感性之職的右腦一個加班發展的機會。

當時留給我印象最深的是《蜀山劍俠》，書中異人一拍腦袋，就能發出「劍光」，取千里之外仇人的首級，有如探囊取物。劍俠們又能騰雲駕霧，千山萬水，瞬時抵達。偶爾，有比我看得更走火入魔者，竟然離家出走，到深山訪仙學道，妄想修成正果。這類事件一旦發生，就成了社會新聞。

在我求學期間，肯做智力投資的家長只買參考書，不興買課外讀物。更何況如西方《小王子》之類的科幻小說尚未流行，想買也買不到。不過那時我並沒感覺有所欠缺，什麼科幻科普的，也毫無這種概念。其實那年代，人類剛剛進入太空，洲際導彈已投產服役，成為美蘇冷戰時期的首要恫嚇武器。我想，劍光雖然神奇，可比洲際導彈差多了，所以，在我的思維裡，幻想中的劍光不但已實現，竟然比武俠小說中的更厲害。

求學年代，神怪的武俠小說，似乎就這樣模模糊糊地侵入了我的科幻世界。劍光是幻想世界的武器，不是以科學理論為基礎的產品，所以，想出以劍光制勝的作者，比較輕鬆，不需苦讀流體力學、火箭推進、核子物理等學科。就像風靡世界的《哈利波特》作者一樣，只負責胡言亂語，「痲瓜」願者上鉤。換另外一個角度看來，這類傑出的作者，可能因為自己深感現實社會的不快樂，就帶領他們忠實的讀者，到怪力亂神的世界去遨遊一番，發洩不滿的情緒。他們的確觸動了人類一根敏感的神經。

思想較為成熟後，才開始在科幻和怪力亂神類小說之間劃下一條明顯的界限。我把以現時科學知識不能解釋的作品歸納於怪力亂神類。生命短暫，我早已不在這類書籍上浪費時間了。

《小王子》是我喜愛的一本科幻小說。有些小行星的軌跡與地球的軌道相交，是小王子訪問地球的專道。他帶來的隨行小行星撞過地球，造成恐龍全面滅絕，也成就了《侏羅紀公園》的科幻世界。《哆啦A夢》雖是漫畫，大雄的飛船利用宇宙「瓦普」(warp) 的時空結構，數百光年的距離來去自如，令人愛不釋手。倪匡以中子材料，造出飛船，馳騁於時光隧道，往來於過去、現在和未來，這些都是科幻小說中的精品。

而我自己，卻把業餘時間，全花在科普寫作上。追求的是趣味，但自知也是只求耕耘，不計收穫的麻瓜級人類。

智慧的瑰寶
——諾貝爾獎世紀回顧

✢ 諾貝爾獎百年慶典

2001 年 10 月 8 日清晨在開車上班的路上，由收音機中得知我負責管理的基礎物理項目中的一位主要研究員沃伏根・凱特里 (Wolfgang Ketterle) 與另外兩位美國科學家共同榮獲 2001 年諾貝爾物理獎。凱特里是我在美國航太總署發展出的太空基礎物理項目下第七位諾貝爾物理獎得主。凱特里得獎後，承蒙他的邀請，我榮幸地參加了諾貝爾獎的百年慶典。慶典在 2001 年 12 月 10 日於瑞典的斯德哥爾摩舉行，共有 175 位諾貝爾獎得主參加，由瑞典國王古斯塔夫主持，王后、太后、王子和公主也出席。從事航太總署研究工作的所有諾貝爾獎得主皆到會。我也遇到了李政道、丁肇中、李遠哲、朱棣文、崔琦和高行健等華裔諾貝爾獎得主。1957 年，楊振寧和李政道因推翻物理的「宇稱守恆定律」而獲獎，這是一項極其重大的成就。1976 年丁肇中以發現基本粒子「魅」

夸克 (Charm) 得物理獎。李遠哲以分子束研究在極短時間內分子間反應細節，建立起化學動力學而在 1986 年獲獎。朱棣文因發展出雷射冷卻技術打開量子物理實驗領域而在 1997 年獲獎。崔琦從分數量子霍爾效應中發現一種新的物態而獲 1998 年物理獎。高行健在諾貝爾獎金成立百年後，拿下文學獎。他們都是炎黃子孫的驕傲。

日本的野依良治獲 2001 年諾貝爾化學獎，日本派出龐大的媒體代表團採訪，並宣布在未來五十年內的目標，是在日本本土產生 30 位諾貝爾獎得主。日本政府已在諾貝爾基金會大樓租下辦公室常駐，進行訊息、資料收集及飽和式的諾貝爾獎提名工作。我佩服他們的決心和勇氣。

百年慶典活動之一，是參觀諾貝爾博物館。大廳裡展示著凱特里使用過的第一代儀器。兩年前我去麻省理工學院參觀的時候，在波茲愛因斯坦凝態物理實驗室，凱特里特別允許我摸了一下這件儀器。如今，看到它已躋身進入最高榮譽的科學展示殿堂時，我的眼睛模糊了。當我在諾貝爾博物館禮品販賣部挑選幾件紀念禮品時，我的注意力被一本書吸引了，書名是“*The Nobel Prize: The First 100 Years*”(edited by Agneta Wallin Levinovitz and Nils Ringertz, Imperial College Press, London, c2001)《百年榮耀》。這本書從宏觀上勾劃出諾貝爾獎有史以來的心路歷程、獎項經緯、提名者資格、諾貝爾人生經歷和哲學等，正是我在斯德哥爾摩想找的資料。

✢ 殖民時代的良知

阿爾弗雷德·諾貝爾 1895 年 11 月 27 日在巴黎的「瑞典—挪威俱樂部」正式簽署了他的遺囑，諾貝爾基金會由此誕生。

我對歷史年代記得不多，但 1895 這個年頭卻從小學五年級起就留在我的腦海裡了。1895 年，清光緒 21 年，是船堅砲利的列強在中國豪取強奪的歲月。年初，日本魔鬼帝國摧毀了滿清的北洋艦隊，強迫中國賠償軍費白銀二萬萬兩，並割讓臺灣、澎湖、遼東半島予日本。俄、德、法三國對日本吞食臺澎雖無反應，但認為瓜分遼東半島侵犯了他們的權益，而提出強烈抗議，俄並出兵，誓將一戰，迫使日本不得不歸還遼東半島，再由中國付三千萬兩白銀為補償。

瑞典文是諾貝爾的母語，他還精通俄、法、英、德語。他經營黃色炸藥生意，需要馬不停蹄地周遊列國，對當時列強民族主義的氾濫和沉淪，肯定有刻骨銘心的體會和厭惡。他的遺囑上明確寫著的「對於候選人的國籍不予考慮」，在那帝國沙文主義盛行的年代，像一盞明燈，在殖民主義者黑暗罪惡的自家地盤上，照亮了他們醜陋的後院。在遺囑中他又明列了「和平獎」。他的發明無可避免地被用來做為戰爭武器，但黃色火藥在工業革命起飛中炸山、開礦、築路，也為人類文明做出了巨大貢獻。

諾貝爾的初衷本想獎勵「上個年度中為人類謀取了最大利益的個人」。但評審過程費力耗時，不可能在 12 個月內完成，於是物理、化學、生理學或醫學、文學與和平五個獎項就決定頒發給科學的發明、發現、文學作品的「重要性」，以及和平主義者的「勇氣」。「經濟科學獎」由瑞典銀行在 1968 年捐出獎金，次年首度頒獎，以紀念諾貝爾個人對人類的貢獻。諾貝爾獎每年在諾貝爾逝世紀念日 12 月 10 日頒發，從 1901 年開始到 2005 年已有百餘年歷史。和平獎頒獎典禮每年都在挪威奧斯陸舉行，其餘五個獎的頒獎地是瑞典的斯德哥爾摩。諾貝爾基金會目前共有四億美元本金，利息可供每個獎項獎金約一百萬美元，由最多三名獲獎者分享。

✢ 智識鑽石礦

幾千年來人類的心智活動造就了目前的高度文明。人類心智活動範圍廣泛，諾貝爾獎所能代表的只是其中的一小部分。但這一小部分卻是人類知識累積過程中的精華。百年來，每件得獎作品都是稀世珍品，光芒耀眼，是人類智慧的瑰寶。

平常我們接收的諾貝爾獎訊息是單件入庫，每年在諾貝爾獎公布後讚嘆有餘，但卻少有機會把全部有關獎項串聯起來，融會貫通。《百年榮耀》這本書，對歷年諾貝爾獎熟悉的讀者，則如獲一幅尋寶圖，愛不釋手。但對一般讀者，恐怕會覺得這種呈現方式跳躍太快，不易吸收消化，尤其是在物理、化學和醫學等三個自然科學領域。要減低這類衝擊，我建議讀者先熟悉一下諾貝爾基金會提供的網路訊息 (www.nobelprize.org)。進入網址後，讀者可選擇物理、化學、醫學、文學、經濟及和平等獎項。比如進入「化學獎」後，先點一下 LAUREATES（桂冠得主），螢幕就出現了由 1901 年到 2005 年所有的得獎名單。再點一下 1986 年就能看到李遠哲等的諾貝爾得獎新聞發布文件和他的自傳。從得獎新聞稿中，讀者很容易汲取這項研究工作的核心思維。新聞稿中大都包括了一些圖解，以幫助一般大眾迅速瞭解其科學內涵。在 1986 年的諾貝爾化學獎新聞稿圖解中，一束氧分子和一束氫分子被射到同一地點進行精確化學反應。反應後形成水，但因所含能量過高，最終分解成氫原子和氫氧基。這個我經常使用的網址，是我向諾貝爾獎得主們學習的重要資訊來源之一，它是一座人類智識的鑽石礦，一旦開始挖掘，就欲罷不能，從而經常在巔峰智慧的殿堂裡遨遊，終身受益。

✢ 自然科學獎

對每年的單一獎項熟悉後，讀者可以試試以《百年榮耀》中的有關獎項討論為線索，佐以由網路得到的新資料，再往深處摸索其內涵。例如在物理獎有關精密測定自旋粒子磁矩討論中，施特恩 (O. Stern)、拉比 (I. I. Rabi)、布洛赫 (F. Bloch) 和珀塞爾 (E. M. Purcell) 等四個名字同時被提到。自旋粒子磁矩的研究最終導致現代醫院必備的核磁共振造影 (Magnetic Resonance Imaging,MRI) 設備。核磁共振就如小朋友盪鞦韆（有磁性的自旋粒子），大人助推得巧（磁場和電磁波頻率），鞦韆才會越盪越高（共振）。我們先查施特恩（物理 1943 年），他因發明分子束實驗方法和發現質子磁矩而得獎，也就是他找到了「鞦韆」。再查物理 1944 年拉比，他在氣體中（分子束）以磁場和電磁波觀察到共振現象，他把「鞦韆」盪起來了。接著查 1952 年同時得物理獎的布洛赫和珀塞爾，他們的貢獻是將核磁共振引進了液體和固體材料，打開了生物體核磁共振之門。後來厄恩斯特 (R. R. Ernst) 發明高分辨率核磁共振光譜方法而獲得 1991 年的化學獎。而柯馬克 (A. M. Cormack) 和豪斯菲爾德 (G. N. Hounsfield)（兩人皆獲 1979 年的醫學獎）電腦輔助（X 光）斷層攝影術也被應用到核磁共振造影上。現代的核磁共振儀器皆使用低溫超導技術，如果把這方面的得獎研究加入，則與核磁共振造影有關的諾貝爾獎數目，就至少又增加五個（物理 1913, 1962, 1972, 1978, 1996）。

✢ 文學獎

至於文學獎，雖然大多數文學大師我知之甚少，但閱讀《百年榮耀》對他們代表作品的歸類評論，卻是享受。從 20 世紀 30 年代「普世利益」作品如賽珍珠 (Pearl Buck, 1938) 的《大地》，經中期「先驅者」作品如艾略特 (Thomas Eliot, 1948) 的《荒原》，至晚期擴張到「全世界文學」作品如高行健 (Gao Xingjian, 2000) 的《靈山》，剖析各時代的審核標準思維，是難得一見的歷史資料。我在檢視《百年榮耀》附錄中整個得獎者名單後，也油然昇起要留心收集些五星級作品細讀的念頭。

✢ 和平獎

諾貝爾於 1895 年在巴黎的「瑞典一挪威俱樂部」寫下他的遺囑。當時瑞典和挪威親如手足，既然科學和文學獎由瑞典頒發，於是諾貝爾就特別指定「和平獎」由挪威主持。「和平獎」是被諾貝爾基金會當做「政治武器」使用的獎項。和別類獎項比較，《百年榮耀》中有關「和平獎」的文字敘述比較簡單易懂，但也是最有爭議的獎項，評審委員常以辭職抗議，向世人表白他們的立場。以「禁止核試條約」在 1963 年得獎的鮑林（L. C. Pauling，1954 年亦獲化學獎）為例，他因共產主義傾向濃厚，許多委員反對，迫使當時主席雅恩 (G. Jahn) 以退席要脅，才得以通過。1973 年美國國務卿季辛吉 (H. A. Kissinger) 和北越黎德壽 (Le Duc Tho) 的得獎更引起軒然大波，兩位委員辭職抗議，黎德壽和季辛吉也都拒絕領獎。1994 年巴勒斯坦領導人阿拉法特 (Y. Arafat) 和以色列首相拉賓 (Y. Rabin) 等獲獎也引起一位委員辭職。其他比較出名的獲獎者有馬丁・路德・金 (M. L. King, 1964)、德蕾莎修女 (Mother Teresa, 1979)、十四世達賴喇嘛 (The 14th Dalai Lama, 1989)、戈爾巴契夫 (M.Gorbachev, 1990)、翁山蘇姬 (Aung San Suu Kyi, 1991) 和曼德拉 (Nelson Mandela, 1993) 等。翁山蘇姬仍被緬甸軍政權軟禁中，尚未領獎。

✢ 經濟獎

與所有其他諾貝爾獎項不同，經濟獎在 1969 年才開始頒發。人類文明已經歷了工業革命、勞資糾紛、第一、二次世界大戰的洗禮、股票市場的誕生、崩盤和重建，各學派的經濟理論都已在驚濤駭浪中生長成熟，琳瑯滿目。從薩默爾森 (P. A. Samuelson, 1970) 的微觀經濟理論，

經費裏德曼 (M. Friedman, 1976) 的宏觀經濟學說，到跨經濟、政治、歷史、哲學和社會等學科研究（布坎南，J. M. Buchanan, 1986；福格爾，R. W. Fogel, 1993；賽恩，A. Sen, 1998；馮・哈耶克，F. A. von Hayek, 1974），《百年榮耀》把人類最精粹的經濟思維，整體呈現在讀者眼前。在所有百年諾貝爾得獎者六百餘位的名單中，最使我讚嘆不已的就是 1994 年經濟獎得主納許 (John F. Nash)。納許因精神分裂症，數次進出瘋人院。醫藥無法治癒他的病。雖然他終以無比的意志力分清楚現實和虛幻的世界，但他卻認為虛幻世界給了他巨大的想像空間。諾貝爾基金會在 1994 年決定頒獎給他對經濟「賽局論」的貢獻時，他還是普林斯頓大學校園中的一位瘋子教授，連一間辦公室都沒有。在當年諾貝爾獎公告中，他詳細述說了這份病情，是一份催人淚下的自白。（編按：幾年前的電影《美麗境界》即以此為題材。）

✣ 臺灣向諾貝爾獎進軍

一個國家社會想要培養出諾貝爾獎級的大師，第一個先決條件就是要達到學術研究完全自由的境界，學者們可以在毫無框架限制的情況下追求學術成果。英文有個字叫 serendipity，在攀登學術巔峰的過程中相當重要。科研活動一般以預先設定的目標為出發點，途中可能轉向，追求與原定目標毫無關連的研究，熱情努力再加上運氣，甚至可能導致諾貝爾獎級的發現。Serendipity 式的研究方式,得要一個富足社會的財力做後盾為先決條件，但只滿足這個條件還不夠，因為即使國家科研經費非常充裕，但有時政府撥款部門不見得會批准研究員隨心所欲轉向。所以，政府的科技政策和決策人的素養就成為一個國家能否快馬加鞭得到諾貝爾獎的重要因素。

另一個重要的因素是媒體的參與。以日本為例，媒體和政府合作，只要日本有符合諾貝爾獎條件的人選，瑞典諾貝爾獎評審委員會絕對不會聽不到。日本在 2000 年發出豪語，要在五十年內產生三十位諾貝爾獎得主，日本媒體不遺餘力飽和式並有導向的報導，免除了甚至在歐美都曾發生過的滄海遺珠事件。

百年回顧，諾貝爾獎的成果是在高度自由社會環境下的心智活動產物。科學家攀登諾貝爾獎的巔峰，需要民主富足的社會全力支持。臺灣科研風氣濃厚，校園學術自由，精英密集，社會民主自由、財力充沛。臺灣已開始努力開發科普領域，如遠流的《科學人》，以及三十年來持續耕耘的《科學月刊》，還有《科技報導》等，進行提高全民科學文化素養的奠基工作。金字塔底部的工程已啟動,將會引進對科學有真正興趣的青年人生力軍，參與科研工作。如果政府配合民間，制定出理性的長期科學教育和科學發展策略，我認為臺灣應已具備了向金字塔尖的諾貝爾獎進軍的基本條件。

走筆至此，有位在臺灣文化界工作的朋友不以為然，提出批判，認為前面一段是為臺灣政府做「政令宣傳」。這個意想不到的反應使我又逐字推敲了上段文字，同時嚴肅地全面檢驗了自己寫這節文字的心路歷程，得到的結論是再次肯定我個人寫作的黃金標準：不寫心裡不想說的話。其實，我所有的寫作，包括這本科普散文集的每篇文章，都是以這個尺度為基石的。

總而言之，一個社會要產生諾貝爾獎得主，第一要有完全自由的學術研究環境；第二要有充裕研究經費，並給研究員巨大的發展空間；第三是政府科技發展政策決策人要理解科研環境的需求並給予國家級的資助；其他如媒體的正確報導並進行全球性宣傳，還有大眾社會的關懷和支持，也都是重要的因素。

臺灣得第一個諾貝爾獎指日可待。

摘熟果子

小時候，家住臺南，後院有棵芒果樹，年年果實纍纍。碩大的南洋芒果，常常不到成熟，就被饞嘴的孩子摘下。媽媽教我們補救的辦法：把芒果埋在米缸裡，漚上一、兩個星期後，芒果就會成熟，依然多汁香甜。

人類進入太空後，要研製太空使用的科學儀器，這與地面使用的儀器截然不同。首先，太空儀器要能承受火箭發射時猛烈的震動。火箭震動的幅度以美國的太空梭為最小，但也有近四個重力場大小。換言之，一件一百公斤的儀器騰空時，就好像被一塊飛來的四百公斤岩塊連續砸撞好幾分鐘。所以太空儀器一定要經得住摔打。進入太空後，向陽面劇熱，背陽面酷寒，儀器在大幅熱脹冷縮下，得保持體膚完整；對太空的高真空，以及生猛的宇宙射線轟擊，儀器也要頂得住，並能正常運轉。

所以，上太空的儀器，哪怕小至一架幾百美元的照相機，經太空硬化處理後，承受得起發射過程產生的環境壓力，價格就可超過百萬。然而，不是所有儀器，都能順利地經過硬化過程，進入太空。

有些儀器，在實驗室臺上拼拼湊湊組成使用，雖能取得科學數據，但弱不禁風。這個階段的儀器，往往需要從研發組合零件開始，甚至要發明新的材料，才能打通任督二脈，修成金剛不壞之身。

科技管理人員，有時不仔細研究科學儀器的成熟度，就貿然把它推上太空之路。上馬後，才發現它竟然像枚青澀的芒果，只好把它放到米缸裡去漚，希望它趕快成熟後使用。但「漚」儀器與漚芒果，有天壤之別。

小時候漚芒果，只要在放學後伸手到米缸裡捏一下，就知道芒果熟了沒有。在漚的期間內，媽媽不必要付我任何工資，我就很樂意每天檢查一下芒果的成熟度。但「漚」儀器就貴了。第一：政府已和民間企業簽了合約，通常不能毀約。如強行毀約，政府就要付出大量的毀約金，浪費公帑，而回收為零。這類事件，偶有所聞，常使負責的政府官員備受媒體指責，結果好則是焦頭爛額，記過降等，壞則是丟了烏紗帽，後果嚴重不堪。所以，沒有官員願意走上這條事業自殺之路；第二：民間企業依所簽合約，已將大批科技人員僱好，並已報到上班；第三：這些薪金昂貴的科技人員，在儀器「漚」的期間，依合約規定，不得解散。和我免費檢查米缸裡的芒果不一樣，科技人員的薪水得照發。新的科技，常常一「漚」數年。美國大科學計畫，包括哈伯望遠鏡、伽俐略木星探測號，都漚了五年以上，經費也追加了二、三倍。

科技管理人員的一個重要任務，就是要認清上天儀器的成熟度。不成熟的儀器，把它留在大學教授的實驗室裡，以低廉的經費研發，等儀器的科技內涵成熟後，才挑選出來給上天的實驗使用。

科技管理人員不能漚生果子，要摘熟果子才是。

互補協議

美國在參與科索沃軍事行動期間，B-2 隱形轟炸機由本土腹地密蘇里州出發，三十個小時不著陸飛行後，又回到原基地降落。我的歐洲同事認為這是美國一項令人震撼的科技成就，但他們也有點被老情人拋棄的感覺，因為美國似乎不再需要歐洲戰略基地了。

實際上，B-2 基地需要完全保密。冷戰結束後，美國國防經費劇減，已無力興建本土以外費用昂貴完全保密的基地了。所以，是因為鬧窮，B-2 才被迫空中加油、連續長程飛行。飛行人員也只得花幾美元買個摺疊鋁床，在造價三十億美元的飛機上使用。

美國太空科研經費，自 1990 年初，不但沒有增加過，經通貨膨脹指數調整後，反而降低。和平使用太空的科研計畫一般沒有保密需求，在經費緊縮時，不會像 B-2 軍事項目，全面撤回本土，反而更積極地尋求國際合作。

美國最大的太空合夥人是歐洲。歐洲在 1970 年代成立了「歐洲太空署」，由法、德、義、英、瑞士等十三個會員國組成，經費由會員國按各國國民總收入高低分攤，然後每個會員國再依出資比例，承包部分硬體。所以，任何單項計畫，各參與國家在本國合同工的壓力下，都爭先恐後地把經費往上高估，把「餅」做大，自家的合同工才能分得多些。這種怕吃虧的本能反應，往往將歐洲太空儀器造價，炒到高出美國以納稅人立場估價的數倍。剛開始我還天真地問過我的歐洲同事，為什麼不按市價買貨？後來漸漸領會到個中玄機。在歐洲複雜的政治環境下，十三個國家能在一起同心協力做成一件事已屬難能可貴。吃虧的是無聲的歐洲老百姓：每件太空儀器都買貴了！

一般民間投資，皆以投資金額來分配股份。國際太空合作卻不同，係以承包儀器硬體為準。相似的硬體，如衛星本體巴士，在美國幾千萬美金就能造出，在歐洲可能得上億。價格差別並不重要，關鍵是兩邊以科技能力和政治意願，各認領一半硬體設備，回去造好再整合組裝。至於造價，每方算法不同，是本講不清楚的帳，所以就不必過問了。此為雙方合作，自負盈虧、無金錢轉移的「互補協議」(quid pro quo agreement)，是美國國際太空合作的主導思維。

美國國際太空合夥人以日本信用最卓越；俄羅斯能力完備，但窮途末路；法國若即若離、滿腔哀怨；德國嚴肅拘謹、態度積極；英國義正辭嚴，但一毛不拔；巴西熱情奔放，卻心有餘力不足。

「哥倫比亞號」失事後，美國太空政策轉向，「回月球、去火星」計畫成為主流。「太空梭－太空站」計畫遺留下來的「互補協議」部份，經過磋商，美國還是承諾完成「國際太空站」組裝部份。至於組裝完畢後如何使用太空站部分，因並無明文規定，美國可能金蟬脫殼，置目瞪口呆的太空夥伴於不顧，揚長而去。

紅花綠葉

感恩節聚餐，飯桌上一束紅玫瑰，四周綠葉陪襯，顯得玫瑰更加嬌豔。但生活中，什麼人總情願當配角，作默默無聞的綠葉呢？在科學衛星計畫中也需要綠葉，才能達成任務。而這綠葉就是運載火箭。

科學衛星任務分四大部分：（一）衛星本體，俗稱巴士，是安裝所有衛星零件的結構；（二）科學儀器，又稱載重，是衛星的靈魂、紅花；（三）運載火箭，為運送衛星到預定軌道的卡車；（四）地面接收站，是與衛星通訊的工具。每部分製造技術不同，需結合廣大的工業力量，才能完成衛星的整體規劃。

在國際合作的科學衛星談判中，雙方討論最熱烈的是科學儀器部分。每個國家都希望在科學儀器的研發中，從先進國家學到新技術。甚至巴士部分，因特殊科學要求，如無拖滯力 (drag-free) 衛星，包含了新技術成分，也能成為紅花的一部分。地面接收站已存在，亦可當成談判中的小籌碼。唯獨火箭，是運輸用的卡車，無科技內涵，姥姥不疼、舅舅不愛。

科學衛星國際合作談判結束後，沒有談判人員願意回去向本國政府和納稅人做這樣的報告:「談判結果，我談判團隊為本國爭取到了送衛星到軌道的運輸系統，戰利品雖然只是一片『綠葉』級的運載火箭，但總還算是打了個『勝仗』。」

實際的情況，可能更為複雜。以美國為例。美國是一個開放的社會，一切經濟活動由市場的供求關係調節，但至少有幾大項為例外：農產品、海運、鐵路、運載火箭。前三類政府一向大量貼補，不能崩潰；運載火箭則由國會明文規定，公家機關只能買國產品，外國造的火箭可以使用，但不能花美國納稅人的錢去購買。換言之，接受合夥人通過「互補協議」供應。所以，爭取到負責合作項目中運載火箭的國家，賺不到錢，是免費供應的!

我負責的一項衛星計畫，如用美國受政府保護的「三角」火箭，為四千餘萬美元；用德國與俄羅斯合資開發的「歐洲火箭」，市場價格約一千餘萬；有次在參觀普希金博物館時，一位莫斯科同事告訴我，同型號的「歐洲火箭」，在俄羅斯黑市，二十萬美元就可買到。

要為一顆科學衛星找「綠葉」，得向世界各地伸出觸角，包括歐洲、俄羅斯、中國大陸、日本或臺灣。有效策略是讓出部分科學儀器和共享數據成果，綠葉配點紅花，增加「綠葉」供應者的積極性，希望能製造出一個雙贏的局面。

人不願做綠葉，是難解的心結。在國際合作的科學衛星談判中，運載火箭首當其衝，是一片大「綠葉」，真是個頭痛的難題。

「阿波羅」的種子

幾百萬年前，我們的祖先從樹上爬下來，邁出走向草原的第一步，站直身子，擺正頭顱，空出雙手，發明工具，創造語言和文字，朝智慧的道路發展。20 世紀後期，我們有幸見證人類邁出走向太空的第一步。

但是，一個國家決定走向太空，動機不見得只是想為人類進化做出貢獻那麼高貴。蘇聯是向美國炫耀社會主義制度的優越性；美國是以「阿波羅」計畫搶回科技龍頭老大的地位，並搞定火箭技術，發展洲際彈導核彈武力，監視「魔鬼帝國」。政治和國防的需求才是發展太空的真正推力。

「阿波羅」計畫只送過一位科學家登月。當他正在月球上採集標本時，地球來了電話，「阿波羅」計畫已被國會取消，趕快回家！激情夜已過，美國的太空發展自此失去了政治原動力。

「阿波羅」後的美國太空活動，就像當年的以色列人被摩西帶進了西奈沙漠，在曠野流浪了四十年。但俄羅斯和美國都沒有解散龐大的太空科技隊伍，只是由絢爛歸於平淡，政治家們不再有興趣為太空計畫打拚。

「阿波羅」計畫雖不是為增進人類福祉而設，但卻產生了一些衍生利益。有人認為心律調整器是太空衍生產品。據說，那位裝置發明人第一次聽到這種說法時，差點心臟休克。同樣的反應也可能發生在鐵氟龍不沾鍋、原子筆、魔術貼布等方面。但的確是「阿波羅」計畫縮小了電子器材的體積，而引發了家庭電腦革命。其他可以邀功的產品還有：無電線工具、內植心臟電擊器、液體冷卻救火衣、數位圖像處理、橘汁粉等等。激進的太空支持者曾提出太空投資一元回收十元的說法，但經仔細研究，並無事實根據。太空計畫和政府其他項目一樣，不好也不壞，否則民營機構早就把太空計畫養成了會下金蛋的鵝。太空計畫或許對教育有所幫助，但若將那大把鈔票直接用於僱教師、加薪水、買器材、蓋學校等等，不更立竿見影？太空投資對任何單項衍生利益確有所費不貲之嫌，但集所有衍生利益之大成，再加上對社會科學文化素養的提高和開闊老百姓的胸懷等等無法估計的貢獻，或許是一宗還划算的買賣。

綜觀人類太空活動，所有走上太空發展之路的國家，竟還沒見打退堂鼓的，不管是美國、俄羅斯、歐洲、日本，還是中國、印度、巴西、甚或臺灣。可能因為珍貴的種子已經撒下，就給它成長的機會吧！

臺灣在太空之路上已顛顛簸簸了近十年，新生的太空科技隊伍已漸成形，像所有太空先進國家一樣，是社會向未來發展的一粒種子。現在在天上已經有了臺灣的星星，當它劃過寶島的夜空時，臺灣的老百姓就升格為太空公民了，這或許是太空計畫對臺灣社會的一個貢獻。

別讓地球再挨撞

1908年6月30日清晨，一顆直徑約60公尺的彗星降落在西伯利亞中部的通古斯加，撞地爆炸後，震波以雷霆萬鈞之勢，橫掃方圓數十公里的參天古木，爆音遠達千里以外，有如兩千萬噸級的核爆威力。

雖然通古斯加這顆彗星威力強大，但災害未波及全球。最常被提到的全球性物種滅絕撞擊事件發生在6千5百萬年前，白堊紀和第三紀交替時（稱K-T），一顆直徑約 10 公里的小行星或彗星撞上墨西哥灣南緣的猶加頓半島（彩圖2）。傳統的說法是撞擊激起了大量塵埃，數月內擴及全球，將白天變成黑夜，植物光合作用中斷達兩年之久，餓死了依賴植物為生的恐龍和其他眾多物種。另一說法是撞擊引起石灰岩釋放出大量二氧化碳，加上高溫下產生的一氧化氮，引發了酸雨和長期的溫室效應，殺死了植物和其他眾多物種，熱死了恐龍。

專家認為，假如撞擊地球的天體直徑超過1公里，則會造成全球物種大滅絕。人類掌握了核子力量和太空科技後，在地球漫長的生物進化史上，第一次擁有了招架天體撞擊的能力，當然不會甘心像恐龍一樣，坐以待斃。

撞擊地球的天體有兩類：小行星和彗星。小行星發源於火星和木星之間，因木星等引力的干擾，軌道變動，向太陽墜落，有些會與地球軌道相交。這類小行星軌道週期短，每數年接近太陽一次，從地面觀測不難，軌跡容易預測，即使有撞上地球的可能性，人類在數年甚或數十年預警期內，可籌劃應對之策。

彗星比較麻煩。它們發源於太陽系外緣的歐特雲區和柯伊伯帶，受太陽系外恆星或天王星、海王星的干擾，軌道轉向內太陽系，週期有時長達百年。人類在近日點觀測數月，驚鴻一瞥，即使算出軌跡，彗星隱沒後，可能會因其他干擾，再訪時以不同軌跡出現。彗星通常有一條長上億公里、由微細冰渣組成的尾巴，叫彗尾。彗尾在接近太陽時才轉亮，人類僅有數月預警期，令人憂心。另外，新的彗星不斷產生，第一次可能從觀測不到的太陽方向入場，進入地球軌道內圈後，才在夜空中出現，預警期短，令人措手不及。甚者，有些彗星的軌跡，可能伸進水星的軌道之內，飛行到距離太陽很近的範圍內。彗尾多次經過熾熱的近日點，冰體被揮發殆盡，上億公里長的彗尾消失，僅剩岩石內核。這種隱形彗星就像轟炸機，是最恐怖的一類天體，防不勝防。

1990 年後，K-T 大滅絕理論達成共識，國際天文組織提出「太空防衛網」計畫，預計在 2008 年前完成北半球近地球小行星和彗星軌道預測。該計畫僱用十二位全時工，在地球這艘宇宙船上監視北半球星空的小天體。目前約有近千個這類小天體在地球附近呼嘯而過。澳大利亞不肯花錢入會，防衛網在南半球門戶大開。南半球的漏洞，本同舟共濟精神，尚待彌補。

目前人類小心追蹤❶的有一顆 300 公尺大小，名為「阿波菲斯」的小行星（Apophis，埃及神話中的「毀滅之魔」），每七年訪問地球軌道一次。公元 2029 年的訪問軌跡，據目前估計，有 5,560 分之一的機會，可能會在地球同步軌道 35,000 公里上空呼嘯而過。果真如此發生，那將是人類物種在地球生存幾百萬年後，目擊到最盛大的自然煙火秀。可怕的是 2036 年的再訪軌跡，目前估計有可能直撞東太平洋南加州附近海域，引發數十公尺高的海嘯，造成數百萬人喪生、四千億美元財產損失等難以想像的後果。

類似 K-T 強度的撞擊，每數千萬年才發生一次。樂觀的天文學家估計，未來 100 年內，雖有「阿波菲斯」類小行星威脅，直撞地球，可能造成人類生命、財產巨大的損失，但人類文明沒有被滅絕的危險。可是從地球擦邊而過的天體，其中約有 25% 屬第一次來訪的新彗星，沒人知道其威力如何，且其預警期又短至數月，這恐將永遠是人類的隱憂。

注：

❶國際天文聯盟 (International Astronomical Union, IAU) 在 1999 年 6 月在義大利杜林市 (Torino) 工作會議中，正式接受描述小行星撞地球由零到十的「杜林撞擊危險指數」(Torino Impact Hazard Scale)。零危險指數的小行星絕對無可能撞地球；指數 1 得小心追蹤；指數 2-4 得關注；指數 5-7 近距離呼嘯而過，可能撞上，有威脅；指數 8-10 描述絕對碰撞地球的小行星，造成區域性破壞，甚或全球性氣候劇變，每 1,000 至 100,000 年可能發生一次。

太空原子鐘

有次去加州聖塔芭芭拉，專程拜訪了宇宙學大師傑姆士・哈脫 (James Hartle)，求教大霹靂後宇宙的演化。我說人類已經向宇宙誕生後十的負四十二次方秒逼近，他連說：「不！不！不！是十的負四十三次方秒！」我慄然警覺：對他而言，這十倍的差距，可能是數年辛勤工作的成果。

17 世紀天主教會計算出上帝是在公元前 4004 年 10 月 23 日星期天上午九時創造了地球。現代以精確的放射性元素半衰期，測出太陽系包括地球的年齡約為四十五億六千六百萬年。由哈伯望遠鏡對造父變星的觀測，宇宙的年齡約為 95-135 億年之間，平均為 120 億年。人類的思維世界包容了從十的負四十三次方秒到一百二十億年，想到這，人也真的有點偉大。

人生活在時間裡。牛頓時代的時間是我行我素，以定速往前流，抓不住，變不了。馬克斯威爾的電磁波出現後，光速在任何相對運動下恆定，迫使愛因斯坦把時間和空間掛鉤，時間開始有伸縮性，許多精確的物理現象和常數的測量，如宇宙結構的方向性，和萬有引力、精密結構等常數，就和時間發生了密切的關係。

人類雖然生活在時間裡，但時間的概念其實相當抽象，人類得發明出一個尺度，來測量時間。我們的祖先觀察日月星辰周而復始的運動，制定出以 12 年為週期的木星曆、太陽年曆和與農時春耕秋收息息相關的月曆。15 世紀航海技術發達後，應導航需要，將船在茫茫大海中的位置在東、西經度上定位，人類又發明了機械鐘，將計時技術的準確性提升千倍。20 世紀以後，交通工具的速度大增，海軍遠洋軍艦、超音速戰機和洲際彈導飛彈的精確導航，促成全球定位衛星 (GPS) 的發展，把計時技術推上了另一個巔峰。全球定位衛星的核心儀器，就是一個銫原子鐘。現代人類在城市內開車都用 GPS 導航，手機顯示的也是 GPS 上銫原子鐘時間，銫原子鐘已進入人類的日常生活之中。

原子鐘是人類最精確的計時儀，以銫原子的基本光波為標準，規定每振動 9,192,631,770 次為一秒鐘。計時的精確度，和校對計時儀時間的長短有關，校對時間越長，所量出的時間越精確。在室溫下，銫原子蹦跳不停，在眼前嗖的一聲飛過，觀測時間不超過千分之一秒，只能量到銫原子在千分之一秒振動的波數，約為 9,192,631 次震動，將其乘 1,000 倍，則得 9,192,631,000 次震動，與 9,192,631,770 相比，差了 770 週波，精確度只為觀察時間為一秒鐘的千分之一。觀察時間太短，原子鐘不易校對精確。1980 年代起，以雷射冷卻技術降低銫原子速度，觀測時間增長近數百倍。但慢下來的銫原子在地球重力場的作用下，還是很快墜落，離開觀測窗口，局限了對時間測量的精確度。

太空站上的銫原子鐘，地球重力場消失，銫原子在原地踏步，校對的時間可達近千秒，將時間測量的精確度推到一秒的一億億分之一。太空原子鐘每三億年才有一秒鐘的誤差（彩圖 3）。

目前，美國和歐洲共有三項結構各異的太空站原子鐘計畫。三個原子鐘聯網作業，精確度更可提高。原子鐘之間不能有障礙物，才能溝通。太空站面積廣大，十六個會員國，各有各的地盤，每個原子鐘飛行時間表也不盡相同，聯網作業是一項國際合作談判，是未來數年國際太空合作的工作重點之一。

哈伯望遠鏡中的時空隧道

作者按:「哈伯太空望遠鏡」(Hubble Space Telescope, HST) 是美國於 1990 年 4 月 24 日送入地球太空軌道上的可見光望遠鏡 (Optical Telescope),主鏡面直徑為 2.4 公尺,耗資 30 多億美元,能看到我們已知宇宙的盡頭。

「哈伯太空望遠鏡」(下簡稱哈伯) 瞄準距地球一億公里外的火星,清晰地看見了巨大的「奧林帕斯火山」和「水手號谷」。過去幾百年中,地面望遠鏡一直受大氣干擾,火星永遠像霧裡的花,撲朔迷離。現在,哈伯遠離塵囂,把火星看個晶瑩剔透。

根據原始構思人史派哲的意思,哈伯是「長」程高射砲,不宜打自家後花園的「近」目標。但在近半個世紀哈伯發展的過程中,宇宙天文團體只想觀測太陽系以外的星體,政治力量不夠厚實,只得與太陽系天文觀測團體建立起聯合陣線,突破撥款封鎖,爭取到哈伯誕生和成長的契機。哈伯是這段政治妥協成功的輝煌成果。

雖然太陽系中的眾天體千嬌百媚,但哈伯主要的任務是衝出太陽系，面向時空無垠的宇宙，以「赫羅圖」❶為線索，向人類描述星星的生、老、病、死、黑洞、黑暗物質和宇宙終極歸屬等關鍵問題。

宇宙的一生，是與重力場拼搏的歷史。

星雲在重力摧動下凝聚，並從重力場中取得啟動能量，孕育成星。初生之星，有大量的氫原子燃料，以核融合能量，對抗亙古重力場的強權打壓。與太陽類似質量的恆星，氫用完了有氦。氦用完了就回光返照，走向死亡之路。對超高質量的恆星，氦用完了還有碳，碳最後核變成鐵。所有燃料用盡後，重力場終歸會勝利地控制或主宰一切，在宇宙中留下無數怵目驚心的星屍、黑洞，為上百億年星體在重力場殘暴強權下的劇烈掙扎，留下了壯麗的史篇。

「鷹星雲」M16（彩圖 4）是星星的育嬰室，距地球有 7 千光年，它是由冷氣體和塵埃所組成的雲柱。胚星在雲柱中悄然誕生後，就沐浴在成年兄姊恆星強烈的紫外光線中，像埋在沙子中的蛋一樣，終因強風吹襲，逐漸被從母體雲柱胎盤中剝離出來，在雲柱深沉氣體背景的襯托下，像粒粒晶瑩的紅寶石，初試嫩芒嬰啼。這幅哈伯膾炙人口的照片，迷倒觀星族類無數。我第一次看到它，好似被宇靈充滿，悸動不已。

剛出爐的胚星，在連綿重力場的擠壓下，高舉著氫融合核能的反抗旗幟，登上了「主序列」舞臺。它們在主序列上渡過了青年和壯年期。十或百億年後，老邁的星星脫離主序列，開始向「紅巨星」的道路隱退。

類似太陽的恆星，第一次形成紅巨星後，耗盡了氫燃料。在重力場的強壓下，開始收縮，溫度增高，激起氦融合反應，再次向重力場爭討地盤，又膨脹成紅巨星。

以太陽未來氦融合反應為例，紅巨星的半徑，可超出 1.1 個天文單位❷。太陽核心氦燃料將再用盡，開始冷卻。太陽表面氦燃燒持續。因核心與表面之間巨大的溫差，促成星表不穩定狀態，激起間歇性的星表熱核爆炸，以超音速震波向外擴散，捲起千層氣浪，在臨終的恆星四周，形成「行星狀星雲」。地球未來的歸宿是：震波挾帶的超颶風，先把地球的大氣吹走，再熔化地函。地球在颶風的拖滯下，軌道速度漸慢。200 年後，墜入太陽，噗哧一聲，化為烏有。

哈伯以多幅圖像，記錄下這類恆星死亡前的慘烈掙扎。「環狀星雲」M57（彩圖 5）是百億年後太陽毀滅後的寫照。在色彩繽紛的圖像裡，埋伏著重力場重重殺機和凶案現場罪證。最豔麗的一幅應屬 NGC6543，俗稱「貓眼星雲」（彩圖 6），像朵盛開的紅玫瑰，預先獻給終將毀滅的人類文明世界。

最後，殘餘的太陽核將變成相同量子狀態的電子結構，經白矮星終以黑矮星收場。我們應為太陽驕傲。它畢竟以量子物理的力量，在重力場無情的欺壓下，沒被完全摧毀，留下一點家當。

比太陽略重的恆星，有些以「中子星」結構與重力場周旋到底。哈伯仔細觀測了「蟹星雲」中心的中子星。中子星一般為脈衝星，以高速度旋轉，射出一道電磁波，是宇宙中的燈塔。

比太陽再重些的恆星，死亡前因受巨大重力場作用而收縮，產生超高溫，可能引爆融聚碳成鐵的核變，釋放出巨大能量。幾天之內，光度可增強上百億倍，形成「超新星」。中國在 1054 年就記錄下人類歷史上第一顆「天關客星」超新星的出現。哈伯追蹤報導了在「大麥哲倫星雲」中發現的 1987a 超新星。超新星其實不「新」，是重量級恆星的死亡告白。中國稱「客」星，反較恰當。

比太陽重出數倍或十倍以上的恆星，臨終大爆炸後，留下龐大的核心殘骸，在巨大的重力擠壓下，粉碎宇宙間一切其他力量，收縮成「黑洞」(彩圖 7)。哈伯以兩幀巨幅圖像，顯示出「室女座星系團」中 M87 星系中心，包含一顆黑洞。哈伯發現 NGC4261、M84 和 M31 等星系的中心也有黑洞現形的跡象。黑洞是重力場宇宙殲滅戰徹底勝利的宣言，連光都無法越獄的死牢。

1995 年 12 月，哈伯以十天感光時間，攝到了一幅

「深宇宙」圖像（彩圖 8)。圖像中的星系，遠在宇宙邊緣，是大霹靂後不久宇宙形象的凍結。美國航太總署以能看到上帝創造宇宙的手，把哈伯推銷給國會。這張照片被美航太總署稱為「上帝的手」，是美國航太總署呈交給國會完成任務的成績單。

宇宙的年齡有多大？哈伯發現在室女座星系團中 M100、NGC4639 和 NGC1365 星系中，共有三十餘顆「造父變星」。從對這些造父變星距離的測量，哈伯估計宇宙年齡似應在 95-143 億年之間。現在天文界已達到共識，一致接受宇宙的年齡在 114-126 億年之間。這是哈伯一項偉大的成就❸。

「黑暗物質」的多寡，決定宇宙的物質密度，與宇宙距離估計的誤差，關係密切。根據哈伯對 80 億光年外超新星對太陽系相對速度的觀測，宇宙可能充滿了黑暗物質。偵測黑暗物質是目前天文物理界最緊要迫切的課題之一。在未來幾年中，哈伯仍需努力收集證據，協助決定黑暗物質對宇宙整體質量的比例。

哈伯似乎已看到了宇宙的盡頭。愛因斯坦的「重力場透鏡」以整個宇宙為光學實驗臺：100 億光年外的星雲，通過在 50 億光年的星系團 0024+1654 的重力場透鏡，在哈伯的焦點面上成像（彩圖 9)。

哈伯把宇宙從近到遠，盡收眼底。近距離的圖像，發生在現代。而遠從宇宙邊緣得到的圖像，則發生在一百多億年以前。哈伯是宇宙中的「時空隧道」，人類智慧巔峰狀態下的結晶。從這個時空隧道中取得的數據，我們已能未卜先知太陽系將何去何從。這可能就是哈伯對人類的最大貢獻！

哈伯是「大科學」，費用昂貴，以傾國之力，才能完成。哈伯每三年維修一次，是太空人最艱鉅的任務系列。每幅哈伯驚心動魄的圖像，都是太空人冒著生命危險換來的。哈伯本應在 2003 年維修，但不幸因「哥倫比亞號」意外事件，使得美國航太總署取消該次維修任務。科學團體不肯，積極遊說美國國會，期望在 2006 年補回維修任務一次，以延長哈伯服務年限，待它耗盡姿態❹控制燃料後，才功成身退。蓋棺論定，哈伯總費用將超過 30 億美元，是 1978 年估價的七倍。比哈伯解析度大上十倍的「下世代太空望遠鏡」隨即登場，繼續擴張人類的宇宙視野。通過這架望遠鏡，說不定我們都能看到有外太空生命存在、含有氧氣的「藍色星球」呢！

哈伯是當今西方科技文明的一支「強棒」。但回首望去，遠在公元前 613 年中國就曾記錄過「哈雷彗星」的出現；在春秋戰國時代就使用「歲星（木星）紀年法」；公元前 104 年漢武帝時量出水星週期為 115.87 日，比現代值 115.88 日僅差 0.01 日；公元前 28 年觀測到日面黑子；1054 年宋仁宗至和元年「天關客星」超新星的記載，至今尚為西方天文學家視為經典之作。兩千多年來，中國保存下來有關日食、月食、太陽黑子、流星、彗星、新星等豐富記錄，是現代天文學的重要參考資料。所以，的確在一段時間裡，中國的天文學曾在世界上遙遙領先，無可匹敵。中國還擁有四大發明：指南針、造紙術、火藥、印刷術，遠揚世界。此外，值得一提的是，在 1405-1433 年間，鄭和七下西洋，帶領 27,800 名水手、62 艘船組成的龐大艦隊，以天文「牽星術」定位導航，遠航印度、東非、紅海、波斯灣、埃及，比哥倫布美洲航行要早上六、七十年，無疑是當時世界上最大的一支遠洋艦隊。所以在鄭和時代，中國的科技文化和航海技術，居世界領先地位。

但資助鄭和下西洋的明成祖朱棣，南征安南、北討蒙古、修建長城、開大運河、遷都北京。在經費緊張空虛的情況下，到明英宗以後就全面放棄建造新船、並禁止海運。只因中國沒有持之以恆，痛失良機，未能收成幾千年來辛勤努力累積出來的成果。而這正是造成近代中、西文明分野的一個重要轉捩點。

注：

❶赫羅圖 (Hertzsprung-Russel Diagram)，簡單來說，就是一張恆星光度（或絕對星等）與溫度的關係圖。以太陽為例，以低溫幽暗的氫氣團開始，在重力場的擠壓下，溫度與光度漸增，50 百萬年後，終於引發了氫融合核子反應，登上主序列。在赫羅圖上主序列由左上至右下，左上角為高質量、高光度、高溫度的恆星，右下角為低質量、低光度、低溫度的恆星。太陽位於右下方中間，能以目前的光度，在 6,000K 再燃燒 50 億年，然後離開主序列，溫度降低但光度增加，吞噬地球後並引發氦核融合反應，溫度、光度再急遽昇高，最後經幽暗的白矮星終以黑矮星收場。另一說認為太陽經久燃燒後，質量降低，造成地球軌道外移，躲過被太陽吞噬的噩運。

❷地球至太陽的距離為一個天文單位，約為 1.5 億公里。

❸宇宙年齡因測量方法和目標恆星不同而異。一種常用的方法是測量恆星因年齡的不同而發生在可見光顏色和光度上的變化。使用此法，哈伯對準距離 250 萬光年外的仙女座星系暈部位的球狀星團裡的恆星，量出年齡最大的恆星約為 120 億年。以同樣方法，測量我們的銀河系中位於銀暈的球狀星團，最老的恆星年齡約為 140 億年。由這兩項測量，我們得知銀河系比仙女座星系要年長些。另以宇宙大霹靂後背景電磁波在其中不均勻分布情形，可計算出宇宙年齡約 136 億年。

❹姿態即望遠鏡鏡頭方向，為衛星術語。

解開「熒惑」之謎

中國古人稱火星為「熒惑」，因其熒熒像火，且亮度常有變化，順行逆行情況複雜，甚難捉摸，有眩惑之意。

公元前 241 年的《呂氏春秋·制樂》或成書年代較不明確的《晏子春秋》，都出現有關火星的記載，距今 2,000 餘年。但木星（歲星）在殷末周初已受重視，比火星早約 1,000 年。火星之見於文獻較晚，恐怕與其難以理解有關。誠然，木星比火星亮，可是火星在與地球最接近時（稱為「衝」），其亮度與木星幾乎相等。古人認為眾星皆繞大地（地球）轉，軌道是圓形的，與地球的距離應該不變，為什麼火星的亮度卻會發生變化？更可怕的是，有時候火星不好好由西往東走，偏偏還會反向逆行（見 p. 71 附圖）。

屈原在〈天問〉中問到「……日月安屬？列星安陳？出自湯谷，次于蒙汜。自明及晦，所行幾里？……」傳統說法認為他問的是：太陽由日出到日落走了幾里？如果《晏子春秋》記載屬實，中國人在春秋時期已注意到火星的逆行現象與亮度變化，而且火星的明晦變化又與

〈天問〉中的描述相符，因此我個人臆測，戰國時期的楚人屈原，也可能注意到火星的明晦變化。

在中國歷史上，負責觀察天象的天官往往以火星的天文位置與可見度，為皇帝預測吉凶。火星每 687 天會接近心宿（即天蝎座的 α 星）一次，中國史書記為「熒惑在心」。每一、二百年，「熒惑在心」時又碰上「衝」，此時火星湛亮，向前走過心宿後，好像捨不得離開，會再次回頭擁抱心宿，然後才上路。中國史書把這種逆行現象稱為「熒惑守心」，並訴諸迷信詮釋，視之為大凶之兆，輕則盜賊蜂起，重則群雄割據。

天體館 (Planetarium) 所模擬的火星在 8 個月中的逆行軌跡。圖右為西方，火星由西向東順行，在金牛座 (Taurus) 畢宿星團 (Hyades) 紅巨星畢宿五 (Aldebaran) 處開始逆行，達 45 天之久，於昴宿星團 (Pleiades) 再轉東順行，在天空劃出 V 字形。(Credit: Jay M.Pasachoff, "*Astronomy: From the Earth to the Universe*", Saunders College Publishing, 5th edition, 1998)

火星逆行和亮度變化，是上天最大的祕密之一，迷惑了人類 2,000 多年以上。直到哥白尼提出了「天體運行論」，再經過刻卜勒卓絕的努力，才把太陽放到了宇宙的中心（彩圖 10）。火星的這兩個現象，也終於找到了正確的答案。

地球、火星和其他行星原來都是在橢圓形軌道上繞著太陽轉的！地球和火星在兩個獨立的軌道上運轉，「衝」時距離最近，約三分之一天文單位（地球和太陽之間的距離為一個天文單位，約 1.5 億公里），此時火星明亮宛如紅色的小燈籠，高掛夜空。地球和火星最遠點稱為「合」，其間距離可遠達 2.5 個天文單位以上，在晨、昏的地平線初現時，火星近滿月狀，但昏暗。火星的亮度變化，來自與地球間距離的改變，甚易解釋。火星每 687 天繞日一周，早在《漢書・律曆志》已有記載。地球則是 365 天繞日一周，比火星繞日速度快 1.88 倍。這好比地球和火星都繞著操場跑，地球在內圈，跑得快，故地球每 780 天追上火星一次。當地球在「衝」前就要趕上火星時，從地球看過去，火星的速度像是慢了下來。在「衝」時地球追過火星，火星順行速度變為零，然後落後、轉向逆行。距離拉大後，火星好像又跟在地球後面再往前走。其實，逆行是從速度快的地球看速度慢的火星，所產生的必然視覺效果。

火星的逆行現象，以及其亮度的明晦變化，使中國人發展了「熒惑守心」的天象詮釋，而哥白尼卻因此發現了行星繞日軌道和太陽系的結構。這個轉捩點，宣告了中西文明的分野。

因為對火星軌道的觀測，人類才將太陽放在我們宇宙的中心，這是火星對人類文明巨大的貢獻。從 1960 年代起，人類送往火星的太空船即絡繹不絕，並且成功登陸火星已有五次之多。我們發現，在火星上有太陽系中唯我獨尊第一峰，比埃佛勒斯峰高出三倍有餘；火星上又有規模宏大的「水手號谷」，比美國的大峽谷大出 10 倍；火星現在地下有蘊藏豐富的水冰礦；火星以前可能有過比地球深 10 倍澎湃的海洋；火星過去很可能有細菌類的生命，起源年代甚或比地球早出一、二億年。

未來，火星還會告訴人類更多更大的祕密。

「水手號谷」，「號」不可缺

火星上有個 Valles Marineris，長 4,500 公里、寬 250 公里、深 8 公里，比美國的「大峽谷」(Grand Canyon) 要大上 10 倍，是火星一個最重要的地標之一。但非常不幸，國內一直把 Valles Marineris 譯成「水手谷」。我要說的是，Valles Marineris 正確譯名應是「水手號谷」，並且，「號」字道出人類與高科技機器間悲歡離合的密切關係，絕不可缺。

有關 Valles Marineris 的命名來源，美國航太總署 (NASA) 並無官方記錄，但根據 NASA 現任助理歷史官嘉伯爾先生 (Steve Garber) 所提供的線索，我尋得下列記載：VALLES MARINERIS (1973), general name of the system of canyons suggested by W. H. Pickering. The name commemorates the Mariner space probes which revealed the Martian topography.❶譯成中文應是：「『水手號谷』(彩圖 11)(1973 年命名)，由畢克林倡議為（火星）峽谷系統總稱，以紀念『水手號』太空探測儀對火星（新）地形發現（的貢獻)。」

畢克林全名為 William Hayward Pickering，1910 年 12 月 24 日生於紐西蘭，後移民美國，獲加州理工學院博士學位，是噴射推進實驗室 (Jet Propulsion Laboratory, JPL) 第一任主任，在 1954 到 1976 年的二十二年任期中，首先與范布朗 (Wernher von Braun, 1912–1977) 合作，在 1958 年 1 月 31 日成功地發射了美國第一顆人造衛星「探險家一號」❷，接著負責「水手號」共十次去水星、金星和火星的探測任務。「水手號」去火星六次 (3, 4, 6, 7, 8, 9)，其中三號及八號兩次任務失敗，九號是人類第一顆進入其他行星軌道的衛星，也是發現了「水手號谷」的太空船。畢克林在任的最後一年，將兩架「維京人號」(Viking，臺灣一般譯為「海盜號」) 送上火星後，功成身退。「水手號」和「維京人號」前仆後繼，為人類累積了大量火星數據。這份功績，史學家歸於畢克林名下。

在這篇文章裡，我對 Valles Marineris 中文譯名的建議，僅止於把 Valles Marineris 當初英文命名的來龍去脈搞清楚，知道什麼是對、什麼是錯而已。我也相信任何肯下功夫的作（譯）者，均應能達到這個地步。

我現在談談「水手號谷」和「水手谷」譯名間的差異。

哥倫布時代的探險，以人為主。雖然他的三艘遠洋帆船（平達號 (Pinta)，尼納號 (Nina) 及聖瑪麗亞號 (Santa

Maria)）在當時是尖端科技產品，但他在尋找新海路和新世界的過程中，還是無法避免「人船一體」的客觀要求，以肉身向未知挑戰。在那個時代，「水手」的確與「探險」同樣帶著「長途跋涉」的色彩。人類進入太空後，除開極少數的近太空載人太空船外，到目前為止，全部的深太空探測儀皆夠資格成為擁有人工智慧的「機器人」。研發這類新品種的機器人，需要許多高科技人員奉獻出長年的智慧和辛勞，更要以一生事業前途為賭注。「機器人」「長途跋涉」後，如果探險失敗，則科技人員終生心血付諸東流。據噴射推進實驗室報導中敘述：「維京人一號」登陸成功後……控制室裡的工作人員喜極而泣，記者室爆出狂歡的喝彩聲音。在登陸成功的剎那間，近十年的刻苦努力終於得到回收。於是，平日嚴肅工作的科技人員淚水開了閘，把激情一股腦全獻給了一個無生命「號」字輩的機器人。

說點題外話，機器人通常並不是人類傾訴情懷的對象，機器人智慧的高低，取決於製造者的設計。但不管設計藍圖有多複雜，最聰明機器人的「腦」容量尚不及人類的百萬分之一。機器人的腦容量雖小，但生存在符控流域 (cyber space) 中，智慧高度專業化，術業專攻僅需的幾項操作，成果亦可能相當輝煌。太空「號」字輩的機器人訪遊之地，又都是人類無法到達的太陽系環境極為惡劣的偏遠角落。機器人又可能以不同面目出現，「水手號」是太空船和照相機的結合體，對 JPL 的科技人員，肯定是情人眼中出西施的場面。但我相信年輕的讀者會更喜歡那一步步往前走的可愛的 Asimo 和科幻漫畫中的「原子小金剛」。

言歸正傳。假如一個肉身的「水手」乘太空船長途跋涉後，抵達火星，發現了火星的大峽谷，則「水手谷」以肉身的水手命名，自然實至名歸。否則，所有榮譽應歸於科技人員創造出來的親密戰友「號」字輩的機器人。太空科技人員要紀念的是「水手號」的發現，與肉身的「水手」風馬牛不相及。「水手號谷」，「號」不可缺。

國內有時也將 Valles Marineris 譯為「火星峽谷」。我對譯名的衡量以兩種文化的內涵為主要依據，但通常對譯名的要求並不苛刻，只要合理並說得過去就符合我的標準。因為科普的目的旨在推展科學文化素養，一本科普書籍的科學內容正確性的重要應遠遠超出對某些譯名完美性的要求。以此衡量，我認為將「水手號谷」意譯為「火星峽谷」的錯誤低於「水手谷」。因為「水手谷」不包含任何科普內涵，既沒點明「水手號」，也沒說出峽谷的實質，更糟的是引進毫不相關的「水手」，產生誤導效果。而「火星峽谷」譯名至少告訴了讀者火星上有個峽谷，達到了科普最重要的目的。其實，我第一次看到

「水手谷」譯名時，好像被重重打了一拳，失之毫釐、差之千里，此為佳證。

注：

❶"*MARS AND ITS SATELLITES—a Detailed Commentary on the Nomenclature*", by Jurgen Blunck, page 92, Second Edition, Exposition Press, c1982.

❷"*JPL and the American Space Program*", by Clayton R. Koppes, page 90, Yale University Press, c1982.

冥王星快車

最近，美國航太總署表示要取消冥王星快車計畫(下稱冥快)，引發了科學團體的強烈抗議。行星學會發動十萬個會員，展開向國會議員投書活動，企圖扭轉乾坤。

冥王星約為月亮的三分之二大小，質量僅及其五分之一，密度約為水的兩倍，可能有個小小的岩石核心，外面包了一層甲烷冰層，大氣成分主要是氮，氣壓很低，約等於地球八十公里高空的壓力。從冥王星上看到的太陽，其大小是從地球上看到的千分之一。

冥王星軌道呈大橢圓形，每 248 年繞日一周。過去十年，冥王星軌道進入海王星軌道之內，抵達近日點，大氣溫度升高、氣層變厚。公元 2000 年後，將逐漸離日遠去，在二、三十年內，大氣將會凍成固態氮，終歸完全消失，二百五十年後，才再重現。

雖然冥王星躋身於行星行列的資格薄弱，但地處太陽系最外緣，與彗星的發源地柯伊伯帶和歐特雲為鄰，接近太陽系亂葬崗，46 億年前太陽系形成後沒用完的材料都棄置在那，可能存留著太陽系甚或地球起源的資料訊息，人類有必要去探個究竟。

1997 年「火星探路者號」以「快、好、省」新策略，登陸火星，取得空前成功。冥快在這種樂觀的氣氛下，以低成本入場。1999 年第二波快好省火星太空船全軍覆沒，冥快在面臨數項技術難關的情形下，為了避免重蹈覆轍，只得追加預算。到 2001 會計年度開始時，預算要求已增到兩倍，還有繼續膨脹之勢。

從地球到冥王星路途遙遠，冥快對運載火箭和電力系統要求苛刻，並且得在眾行星位置擺對、自然發射窗口開放時出發，要經過多次行星重力助推才能抵達目的地。新科技開發成敗難料，啟程日期也沒有彈性，只得要求增加經費，日夜趕工，才有希望完成任務。

除冥快外，尚有其他數項彗星、小行星和火星計畫，在 1999 年一片失敗聲浪中，省思重組，巨幅降低冒險意願，紛紛要求追加預算，最後恐亦難逃被取消的劫數。

與冥快競爭經費的是歐羅巴計畫，它亦面臨同樣問題。歐羅巴是木衛二，表面結冰有如龜裂的蛋殼，下面是水海洋，為外太空生命可能藏身之地。以科學重要性權衡，冥快敗陣的可能性高，前途並不樂觀。

後記：「冥王星快車」計畫在「行星學會」十萬位會員向國會全力遊說下，在 2003 年 2 月起死回生，由敗部復活，成為「新地平線」擴大計畫下第一個行星任務，獲總經費 7 億美元，訂 2006 年發射，經多次行星重力助推，預計在 2015 年抵達冥王星，趕上夏日餘昏，進行大氣探測三年。2018 年後飄離冥王星，進入柯伊伯帶——太陽系彗星的發源地，進行第二階段任務。歐羅巴計畫則延遲到 2017 年再議。（2005 年 12 月 20 日）

十月的天空

當這本書剛以《火箭小子們》(*Rocket Boys*) 的書名出版時，我就在美航太總署總部聽人談起過，知道作者希坎姆 1997 年退休前，在馬歇爾太空飛行中心任工程師，負責太空人科學儀器操作方面的訓練工作。後來，又聽說好萊塢以《十月的天空》為名將這本書搬上了銀幕。我當時聽到的理由是，好萊塢認為原來的書名專業性太強，很難爭取到主流觀眾群。我頓時感覺：原著一定被改得七零八落，慘不忍睹。

蘇聯在 1957 年 10 月 4 日發射了人類第一顆人造衛星「史潑尼克」。我想，好萊塢之所以將書名改為《十月的天空》，原因之一就是不論何種政治制度，畢竟是「史潑尼克」照亮了 1957 年 10 月人類的天空。並且，正是那個奔馳著「上帝金色戰車」的十月天空，才激起了作者希坎姆的夢想，改變了他的一生。當然，我們也可以反過來說，是作者希坎姆的夢，使那十月的天空更加燦爛。

後來我有機會看了電影，深受感動，才決定閱讀這本書。該看哪個版本呢？我從圖書館把兩本書都借了出來，仔細對照著看，發現除開書名以外，兩本書的內容竟然完全相同，一個字都沒變動。這意外的發現，使我想起好萊塢對卡爾薩根的科幻小說《接觸》(*Contact*) 的處理：雖然電影用了原書名，但因為原著最後的結局，落點在外太空文明世界對圓周率有更精確的計算上，使好萊塢束手無策，只好以錄影帶消磁後留下的雜音時間長度來代替，草草收場，著實可惜。而電影版本《十月的天空》完全忠於原著，更引起了我閱讀這本書的興趣，於是，在幾次出差途中，我仔細地把它讀完。

好萊塢把《火箭小子們》改成《十月的天空》的確畫龍點睛。一般科普作家的通病，是一直想讓平民百姓接受專業術語，這包括作者希坎姆原書名中的「火箭」兩字。「火箭」意味著冰冷的硬體設備、火箭專家高不可攀的學問以及深奧的太空……於是，對火箭有興趣的讀者就非常有限了。我敢打賭，如果好萊塢以《火箭小子們》當片名，不是我性別歧視，女性觀眾一定興趣缺缺，對書就更敬而遠之了。

但《十月的天空》卻充滿了人性。它不是偶爾接觸一下人性，而是貫穿全書。火箭小子們的活動，都是在細膩人性描寫的大布局下，溫馨地呈現在讀者面前。讀完這本書後，人們幾乎認為自己已經知道火箭該怎麼製造了。作者希坎姆巧妙地將這份製造火箭的祕方，深埋在他對人性的文學描述當中，是科普著作中少見的。這即是《十月的天空》的成功之處，也是我喜歡這本書的原因所在。

我在美航太總署總部工作十餘年，讀過許多史料，深深體會當年「史潑尼克」對美國上層決策人的震撼。《十月的天空》第一次從老百姓的角度，真實地再現了當年美國大眾對蘇聯「史潑尼克」升空這一劃時代事件的心態。書中充滿了年輕人純潔的理想、持續的拼搏、濃烈的母愛以及社會的關懷。

在那十月的天空下，想像中臺灣也有個中學生，每晚貪婪地搜尋那顆燦爛的衛星。有次在淩晨時分臺南一中的操場上，他終於看到了那輛在天上高速奔馳的金色戰車。在那一瞬間，那個少年郎也好像在朝聖時被聖靈充滿一樣，從此和太空結下了終身濃蜜的情緣。

1957 年 10 月的天空影響了當代許多人一生的命運，包括我自己。

「洋」娥奔月

「嫦娥應悔偷靈藥，碧海青天夜夜心。」李商隱一定常常痴望著月亮，滿腦子想的就是中國那古老淒豔的神話。翻開世界有關月球的神話，中國人為嫦娥離家出走所編的理由堪稱曲折離奇，遠勝過古希臘為專事風流一夜情的月神瑟蘭妮 (Selene) 寫出的劇本。以一個族群對月亮的感情而言，中國除了嫦娥，還有蟾蜍、搗藥玉兔、園丁吳剛，以及射日大英雄后羿、崑崙山藥仙西王母娘娘，洋洋大觀，獨領風騷，可稱為世界文明之最。所以，如果中國人說要去月球拜訪一下，本是一了千古宿願，看看月球上到底是不是真的那麼熱鬧。甚或找到嫦娥後，告訴她王母娘娘通緝令已過期失效，回家吧，安啦！

前波「洋」娥奔月——「阿波羅」登月競賽，美、蘇較勁，是一場正義和魔鬼在政治和軍力上驚心動魄的搏鬥。「洋」娥奔月講究科技內涵，不需依靠神話為精神支柱。頂多把「邱比特」的箭帶上去，在登月成功後，瞄準激動得閃著淚花的人類，一箭就獲得了全世界的青睞。西方文化在追求愛情時，要用箭刺穿愛人的心臟，想想也怪血淋淋的，不如中國「月下老人」的紅線那麼含蓄文明。

現在，魔鬼帝國早已崩潰，美國是世界僅存的超級霸權。據西方史學家估計，人類上次全球超級霸權，出現在古羅馬帝國，那已是一千八百年以前的事了。對當今超級霸權美國而言，世界上已無對手，「阿波羅」時代太空競賽背景已不復存在。但美國最近卻宣布，要進行「月球—火星計畫」。戰略是讓「洋」娥再奔月，先在月球上布置好永駐前衛站，作為「人類火星探測」的跳板，然後擇天時鼓大勇，直搗戰神老巢——火星。老布希在1989年「阿波羅」登月20週年時放出過再登月的試探氣球，無奈沒有掐準時機，只好在一片反對浪潮中慌忙收場。十五年後，小布希屈指一算，氣候已成，時不我予，即刻再次上馬。

人類遲早是要去火星訪問的，這是流在血液裡和深植在基因中的呼喚。但這次美國的「月球—火星計畫」卻玄機重重。表面的肢體語言是「神舟五號」後，中國放話，要送「嫦娥奔月」。美國絕不能讓中國瓜分月球地盤，只得把握先機，再次搶先登月，同時為人類和科學團體做點事，就把火星也一起納入其中吧。

「哥倫比亞號」失事後，太空梭停飛，使「國際太空站」計畫呈膠著狀態，進則冒險性太大，退則失信於已花下巨額投資的國際夥伴，此一事件已成為小布希政府在大選年間的政治包袱，真是進退兩難呀！幸運的是中國及時給美國送來個再登月的理由。於是，順水推舟，火速制定出「月球—火星計畫」，使美國從「國際太空站」的沉重負擔中金蟬脫殼。對太空站的合夥投資人也有個交待：2010 年太空站組裝完成後，太空梭全體退休，改租俄羅斯太空運輸大隊，或以使用 21 世紀新科技發展出來的「組員探測飛船」(Crew Exploration Vehicle, CEV)，繼續補給太空站。而太空站設備則只專攻送人上火星的生命科技，至於十多年來已耗費大筆納稅人資金的太空站基礎科研，則是——不做了！

這個突然蹦出來的「月球—火星計畫」，目前還相當撲朔迷離。這個計畫的核心要旨是要如何安排未來五年所需的 120 億美元的經費，目前暫定：110 億由美航太總署現有經費挪用，剩下的 10 億為「新」錢。所以，小布希第一個五年計畫的起動經費僅為每年 2 億美元。第二個五年計畫經費肯定會增加，航太總署得在 2018 年間登月、建月球基地，總經費按 2005 年 9 月公布的估計，約為 1,040 億美元。這個經費來源構思的確是精心設計，沒有馬上大量要「新」錢，國會沒有理由阻撓。所以，從目前經費上的安排，「月球—火星計畫」的第一階段應會很快付諸實施，「洋」娥奔月是搞定了。

要送人上火星，保守估計，經費得高於「阿波羅」計畫數倍，傾美國之力，恐亦難獨立完成。但耐人尋味的是，此等大事，小布希在國情咨文中竟然隻字未提。

共和黨人在東歐解體後，就已著手發展「新美國世紀計畫」(The Project for the New American Century，簡稱 PNAC)，主要的構思是利用這千載難逢的時機，建立起美國世界「善」霸地位。在善霸的統治下，霸主權益大幅擴張，世界人民得俯首稱臣，否則航母飛彈逼境。在柯林頓時代，PNAC 無法伸張。小布希入主白宮後，賓拉登送來個大紅包，使共和黨得以反恐為名，向世界各地進軍，逐步實現 PNAC 藍圖。再次登月與伸張霸權的思維相吻合。而登陸火星則是二、三十年以後的事，花費太大，成敗難卜，目前沉默是金。但在未來 15 年中，月球基地得建立起來，像圍棋布局，高掛一子，俯控全球，為實現美國千秋萬世的霸業效力。

生命起源的迷思

在 20 世紀裡，人類破解了好幾宗重大的科技案件。先騰空而起，比大雁飛得更高更遠；進而脫離地心引力，遨遊蒼宇，升格為宇宙公民；在 90 年代，窮「哈伯望遠鏡」的神眼，看到了時空盡頭、創造宇宙時「上帝的手」；再深入細胞核心，取得基因祕笈，掌握了生命「克隆」技術……

人類更想知道的，是一系列有關「起源」的問題。

地球從哪裡來？太陽系如何形成？宇宙怎樣誕生？人類的起源？生命的起源？外太空有生命嗎？……等等。回答這些問題，進展差強人意。地球和太陽系的歸屬，目前知識夠用。在宇宙起源的問題上，很長一段時間，卻是個大難題。那麼久遠的歷史案件，沒有現場證據，誰能說得準？很難想像，在 1960 年代，我們竟然聽到了宇宙誕生時的嬰啼（指 Big Bang，大霹靂）。嬰啼再嘹亮，分貝數經過了一百二十億年遞減，如今只留下纖細的空谷回音。幸運的是，分貝數雖低，竟然仍在聽得見的範圍內，真是亙古難得一聞的天籟！數據加上理論，確定了宇宙誕生於超強光熱的「大霹靂」，解決了宇宙起源問題。雖然這曲大霹靂交響樂遲早會被人類聽到，但是這次發現，對科學家而言，夠得上是「樂透獎」級的好運。

但是人類對生命起源問題的苦苦追求，從亞里斯多德算起，已有二千多年。估計再保守點，由達爾文 1859 年的「物種起源」開始按下馬錶，至今也超過一百四十多年。每代科學家工作得不能說不夠努力，夢想在試管中，僅用原始無機材料，就能造出既能自我複製，又能不停演化的生命化學分子。百年追求，至今已完成了「人類基因解讀」的偉大計畫，但在生命起源探索的道路上，尚無結論性的斬獲。這麼看來，生命起源問題的難度非同小可。我們不能未卜先知，不知道人類還要努力多久，才能解決這個問題。但這個問題到底有多難呢？我們把它和宇宙起源的問題比較一下，或許能粗略估計出它的分量。

宇宙起源，基本上是一個大爆炸案子。爆炸後，所有物質，依物理定律，各就各位。換句話說，宇宙起源是一個高能量的大動作，難以掩遮。最重要的是它的過程簡單迅速，乾脆俐落，一次到位。一百二十億年後，證據雖已變弱，但本質未改，人類掌握了電磁波科技後，從雜音中放大提取，即能偵測到宇宙「大霹靂」事件。

比較起來，生命起源所需能量低微，生命分子的出現也需要很長時間，左挑右試，不知道要經過多少次失敗。以現代人類知識看來，當時地球大環境肯定適合各類化學分子，毫無目的地層出不窮，甚或達到欲罷不能的地步。偶爾，化學分子出現複製演化跡象，但不幸誕生太早，又被太陽系初期的隕石風暴扼殺。能複製演化的生命分子，並不需要在原始地球遍地開花，只需在很小一塊地盤，搶灘登陸，成功「一次」就行。從這個觀點出發，生命在地球的原始還原環境中，說不定不起源都難！登上生命灘頭後，隕石風暴已過，地球大環境由還原性質，變成中性，最終成為現代的氧化大氣。而搶灘成功的生命分子，雖受外界環境控制，但在達爾文演化論的尚方寶劍保護下，開始無心無肺地由簡而繁地演化，達到「適者生存」的條件，連帶也就淹沒了原始證據。至今即使真的留下了任何蛛絲馬跡，也是作案第 N 現場。所以，生命起源的過程，由「策略管理」專家掌控，像下一盤棋，兵來將擋，水來土掩。本質上變化不停，盲目蹣行。唯一做得麻利漂亮的就是證據隨到隨掩，春夢無痕。要最聰明的科學家，抽絲剝繭，追溯億年，重建地球還原環境下生命起源第一現場，即使歷經百年接力，也沒有把握像追尋宇宙起源一步到位的線索一樣，能竟全功破案。

　　那麼我們有足夠知識去臆測什麼是第一條能自我複

製又能演化的化學分子嗎？目前領先的生命起源理論把寶押在單股的「核糖核酸」RNA 分子上。RNA 分子是四十二億年前崛起的生命王朝，全盛於三十九億年前，最後被它一手栽培出來性能優越的雙股「去氧核糖核酸」DNA 篡位，於三十五億年前被革了命。幸運的是 RNA 分子並沒被九族抄斬，仍被 DNA 新王朝留用，戰戰兢兢，巴結當差，一直為地球生命服務至今。

人類目前的科技能力尚無法只使用原始材料，就能在試管中製造出一條能自我複製的 RNA 分子。人類追尋生命起源的道路漫長，RNA 是一個路標，向我們提示了一幅尋寶圖。

近幾年這個領域的進展，使科學家們能夠比較有系統地討論一個困擾已久的問題：生命起源需要「造物者」嗎？如真有「造物者」的存在，生命起源問題就能像宇宙起源一樣，被包裝成「一次到位」事件，再理想不過。目前領先的生命起源理論，在對「造物者」的要求降至最低的條件下，追尋到的「造物者」就是宇宙間無所不在的物理和化學的定律。至於這套我們熟悉的定律，又是怎麼能在宇宙間普遍地存在呢？是否經由另一位地位更崇高的「造物者」創造出來的呢？聰明的人類可能永遠找不到答案，但這並不妨礙智慧的心靈對這個迷人問題永恆的追求。

出水人類

我喜歡去動物園看珍禽異獸。大部分野獸四腳走路，全身披掛密緻的皮毛，有根尾巴，蓋住後部的器官。牠們大都沉默，偶爾低吼兩聲。有時可以看到野獸交配，雄性從後面上馬，雌性尾巴高翹空中。大象交配的景象驚天動地，令人嘆為觀止。但從動物園出來後，留在腦海裡的，卻常常是人類的形象。

和野獸不同，人類最大的特徵是直立。還有體毛退化、面對面交配、頭顱比例碩大、會講話等等。人類直立是從樹上爬下來後的事情。主流的說法是人類下地後直接進入草原，站直身子能看得更遠，減少被其他野獸捕食的危險。直立後，空出了雙手，提供了使用工具的條件；在非洲酷熱的草原上奔跑行獵，捨棄體毛以求散熱；行獵時以簡單手語交換訊息，刺激大腦發展，創造語言，並塑造出一顆大頭顱，將人類意外地昇華成地球上唯一的智慧型生物。

主流的說法有些難以彌補的漏洞。如打獵是男人的事，男人在草原上奔馳，棄毛散熱，還說得過去。但留在家裡照顧小孩的女人也一起褪毛，則難以理解。還有，人類祖先下地時，視覺應已相等敏銳，草原上一望無際，像許多其他野獸一樣，以視力足以營生存活，並未被逼上絕路，非得改造咽喉聲帶，發展語言不可。語言在草原起源的論點不夠紮實。

伊蘭莫根 (Elaine Morgan) 在 70 年代提出不同的看法。她認為人類祖先在酷熱氣候造成森林消失的情況下落地後，因身無利器、移動速度緩慢、體格弱小，無法與巨大的猛獸拼鬥，只得向海岸轉退。當被虎獅豹等不沾水的野獸襲擊時，則迅速跳進海水中逃命，野獸離開後，再回到岸邊被海水侵蝕出的洞穴過夜。在水中漂浮，自然形成頭上腳下姿勢，幾百萬年下來，兩腿直立成形。直立使女性陰道轉了九十度角，自然選擇決定將女性陰道從背面向腹面位移。而男性生殖器構造簡單，陰莖只需加長，追逐日益遠逝的女性器官。專家認為，女性陰道位置的演化改造，目前尚未大功告成，但已過中線，促使人類從正面交配。長期在水中生活，濕漉的皮毛有礙移動，於是像許多其他前後入海的哺乳動物一樣，捨體毛求流線，只留下頭髮遮日光。在海浪起伏的水中，視線經常受阻，危險時被迫以聲音示警，語言可能由此濫觴。海中食物豐富，人類祖先體型大增。幾百萬年後，當陸地氣候又適合哺乳動物居住時，人類祖先的改造已大體完成。重返草原時，信心十足，朝智慧的道路發展。

人類對生命起源的追尋，從亞里斯多德算起，已有2,000 多年的歷史。尤其從 20 世紀開始，以最先進的科技，在所能發現最古老的化石中，抽絲剝繭，幾十億年追蹤，至今尚未定案。人類起源和生命起源一樣，化石數據分散於上千萬年的古老時軸中，以「點」狀分布，尚未連成一條完整的「線」狀線索，蛛絲馬跡，撲朔迷離，也是沒有完全定案。

「出水人類」，和其他一些人類起源的理論相比，應是一個說得過去的看法。

犬齒益短　屠刀越長

在職場中，每個人的表現不同，從這些表現，可以觀察出不同的個性；而這些個性，千姿百態：聰明能幹、熱情努力；墨守成規、循規蹈距；我行我素、沉默寡言；懷才不遇、滿腔哀怨；遲到早退、渾水摸魚；緊守地盤、待機偷襲；阿諛奉承、陰險詭詐等等。其中，最能引起我思考興趣的是同事個性中的「侵略性」。

在高科技環境中,「侵略性」並不一定被認為是缺點，在某些範疇中，諸如市場調查、新項目研發，甚至被認為是工作人員的優點。有些公司尋人廣告甚至標明要找「侵略性」強的僱員，來應付你爭我奪的商業市場。

一般認為人類的侵略性具體表現在戰爭中，歷史也不遺餘力地記載大規模的戰事，著名的有忽必烈大帝開疆拓土，拿破崙遠征俄羅斯，席捲全球的兩次世界大戰，血腥的越戰等。戰爭是一個民族、國家集體的決定，但落實在個人身上，沒有人能說，是因為人類嗜侵略、謀殺才去參戰，真實的情況該是人類都貪生怕死，上戰場殺人是被逼的。更何況戰爭是偶發事件，99.99% 的人類與戰爭無緣。所以，以戰爭來闡釋人類的侵略性，是特例，不是人類的通性。

但戰爭說明了一個極為奇特的現象：人類不在乎殺同類。物種在劇烈的生存競賽中，拼命繁殖、存活為當務之急。殺同類與自然法則背道而馳，為生物界大忌。

動物界也有自相殘殺的例子。老鼠互殺，時有所見，但多發生在異種老鼠間；動物園中的狒狒也爆發過集體互殺至死事件，一般以「偶發病態現象」來解釋；新獅王接收老獅王的母獅群時，把所有的幼獅全部咬死，是淨化遺傳基因的本性。動物界同種間互鬥，自然規律是鬥不至死，只要鬥敗的一方發出認輸信號，諸如順服地把脖子伸長，送到戰勝者的嘴邊，勝利者就即刻停止敵對狀況。動物對投降信號的迅速接受，有如瞳孔對強光的反射反應，是物種繼續繁殖下去的本能機制。

生物學家認為，接受投降信號的動物，通常都身擁利器，如尖銳的犬齒或犀利的角等，輕而易舉地可以把送過來的大動脈咬斷，或刺穿降方心臟。鴿子是和平的標幟，不懷凶器，有的專家認為，鴿子之間沒有投降信號，所以，鴿子互鬥，會把同類啄到死為止，沒有受降休戰之說。生物學家認為，沒有投降信號的動物侵略性強。

一個謀殺者要殺人時，不管對方如何苦苦哀求、雙手高舉、跪地求情，卻是砍殺射絞按預謀進行，絕不留情。人類在演化過程中，也曾有過尖牙利齒階段，咬死同類，綽綽有餘，基因中理應也有投降信號。經過幾百萬年的演化後，人類犬齒已基本上退而無用，取而代之的是由大腦通過雙手製造出來更厲害的身外武器。所以，人類現在雖然口中的犬齒益短，但手中能使用的各類武器、屠刀越長，投降信號理應繼續存在，但為什麼現在卻消失了呢？激進的生物學家認為這項本能的遺失與人類獨特的面對面交配有關。選擇面對面交配的第一位人類祖先不按規矩辦事，迫使女性軟弱的腹部朝上暴露，失去了傳統從後面交配背部保護腹部功能，起初女性肯定反抗，但男性為了「性」，不予理會，幾百萬年下來，逐漸喪失了接受投降信號的本能。這種說法，邏輯較為曲折，恐怕要一篇論文，才能說得清楚。簡約說明，就是基本上男性被性荷爾蒙遮住了眼睛，看不見投降信號，久而久之，人類的思維裡就沒有接受投降信號的空間了。

人類是智慧型的動物，後天教育和文化薰陶，可能有助於減輕侵略本性的強度。但人類已經在幾千萬年複雜演進道路上走了過來，侵略本性是好是壞，撲朔迷離，可能並不那麼容易下定論。

「幹細胞」革命

美國總統布希就職一個月後，就接到一封由八十位諾貝爾獎得主聯名簽署的信函，呼籲他不要阻撓科學家對人類胚胎「幹細胞」的研究，因為這項科研成果對人類未來疾病的醫治、健康和壽命的增進將有革命性的貢獻。

反對胚胎幹細胞研究的反墮胎勢力認為，在體外研究胚胎幹細胞成長分化後，最終必得把它銷毀，與謀殺生命無異。新總統上任後，反墮胎團體反對柯林頓政府已通過進行胚胎幹細胞研究的行政命令，促使保守的布希政府興起了翻案企圖。

幹細胞的「幹」字有「主幹」、「起源」之意，是分化前的細胞狀態。

人類受精後的卵在數小時內開始分裂成相同的細胞，如果此時兩個細胞因某種原因分離，散落在子宮兩個不同的位置，每個細胞都有能力發展成一個完整的胎兒，形成同卵生雙胞胎。這類早期的胚胎細胞尚未分化，堪稱「全能」，以後能發展出所有胎兒生命所需的各類器官，如胎盤、心臟、血管、神經、骨骼等等。

受精卵在輸卵管中分裂成八個細胞需四天，並同時向子宮方向移動，形成一個中空的球狀囊胚，外圍細胞分化成胎盤絨毛細胞，內部分化成相同的胚胎幹細胞。胚胎幹細胞除開無法形成胎盤外，可繼續分化成身體各類其他器官。人類從這類幹細胞中可學到細胞分化機制；或在藥物發展時，使用這類幹細胞進行藥物測驗；最有長遠影響的可能還是利用這類幹細胞製造人體各類組織、器官，來醫治老年痴呆症、糖尿病、中風、巴金森氏病、脊髓傷害等。這類幹細胞是科研用的精品。

第一次分化後的幹細胞再次分化成司掌特殊功能的幹細胞，如專管血液的幹細胞未來能分化成最終的紅血球、白血球和血小板，皮膚幹細胞能形成身體內外所需的各種膚細胞等等。這類幹細胞分化後，細胞各奔前程，為人類特定器官服務。

胎兒出生後，胎盤中含有大量的血液幹細胞，即一般所稱的臍帶血，有的實驗室開始提供長期儲存這類幹細胞的商業服務。從胎盤提取近 100cc 血液的費用約六百美元，每年的儲存費用約一百美元。嬰兒長大後，如果患了血癌，不必全世界找相配的骨髓移植，用自家儲存的血液幹細胞，一針見效，絕對沒有被排斥的危險。到目前為止，已有八百餘血癌患者受益，世界各國，包括臺灣在內，對儲存臍帶血商業服務要求正在急遽增加中。

幹細胞的功能是通過分化，能使某類細胞組織再生。人體老化後，大部份組織無法再生，如神經纖維、視網膜、心肌、腦細胞等等。成人體內的確尚存有特殊功能的幹細胞，但不是每類組織都有，並且數量極少，提取培植不易。成年人的基因也常有損傷，即使提煉出夠量的幹細胞，也無法當成藥物使用。更何況有遺傳疾病的成人幹細胞亦無法用回到病人本身。成人幹細胞的功能有一定局限，遠不如胚胎幹細胞的功能範圍海闊天空。科研者當然希望能使用精品——胚胎幹細胞，找出它分化成各類細胞的機制。

衛道之士有一定的倫理道德立場，但胚胎幹細胞通常與墮胎後的囊胚一起排出體外，如不及時取用，它最終的命運還是被銷毀。如果寶貴的胚胎幹細胞有知，與其如鴻毛般消逝，我想它也很可能願意為人類貢獻出巨大的光與熱，這或許是這八十位諾貝爾獎得主的心意吧!

基因和人性

人類的基因只有三萬四千個，數目跟猴子、老鼠和玉米差不多，大約是蚯蚓及果蠅的兩倍，與壁虎和香蕉有相似之處。

從這些基因中已找出四十餘種新的遺傳疾病，有些新發現的基因缺陷，竟然散布在好幾個染色體中❶，真是草蛇灰線，伏脈千里。人體中存有約二百個已被人類改造的古老病菌基因，執行對身體有用的功能。從一些基因的變化，可看出人類在非洲起源，十萬年前始北移，七萬年前抵亞洲，兩萬年前到北美，一萬三千年前到南美。白人的膚色基因已呼之欲出。據《科學雜誌》報導，白人膚色可能是在 20,000-50,000 年前偶由基因 SLC24A 5 中一個鹼基突變而來。科學家猜測，白色皮膚在北歐寒帶吸收陽光能力較強，有助體內鈣質轉化成較健壯的骨骼，造成求偶時有利條件，引發攜帶突變基因個體以爆炸性速度繁殖❷。但膚色並不是決定種族的唯一因素。與男、女以基因分界不同，種族不是科學概念，是生物、社會、政治、文化等因素綜合起來的一個模糊的偏見。

精子是基因突變的帶動者，功過尚無定論。「同性戀基因」尚未現形，新一代生物學家正在努力尋找之中。

從這些平凡的三萬多個基因中，看不出人類是萬物中唯一有意識的生物，也找不到你我去咖啡屋神聊的「文化基因」、去龍山寺膜拜的「宗教基因」，更找不出曹雪芹《紅樓夢》、貝多芬「命運交響曲」和愛因斯坦「相對論」的「創造基因」。

人之為人，在人體內非得有為「人性」下定義的關鍵檔案。但是人類的基因資料，實在無法看出「人性」與「猴性」有何差異。「人性」歸檔何處，是目前專家熱切關注的問題。

有些學者認為，人類的基因結構在一千萬年前尚未從樹上爬下時已大勢底定。在此之前，人類祖先在樹上打食、保命，基因發出指令，在脊髓骨頂端的小腦之上，加倍製造大腦蛋白質和神經元，發展出三度空間的視覺能力，在飛躍時可以精確掌握樹枝間的距離。所以，當人類祖先在草原上站直身軀時，視覺應已敏銳，大腦的容量可能已相當可觀。

領先的理論認為，在草原上，瘦小的人類祖先要和許多巨大的野獸拼搏，群體圍獵是求生之道。狩獵者分布在獵物附近視力所及的範圍內，可能以手勢交換情報，在黑夜、濃霧或視線被阻擋時，佐以簡單的聲音，互相溝通。也可能某地水草茂盛、獵物集中，知者向不知者報信，得使用更複雜的「語言」敘說。幾百萬年下來，基因受到外界壓力，反覆使用以不變應萬變、已經完全沒有毛病的「軟體」，繼續增加大腦蛋白質和神經元的產量，加強神經元間的連線作業，開拓出蓄納更複雜語言的腦容量。以大腦的重量和動物體重的比例為準，人類則出類拔萃，無愧擔當萬物之王。

過去十幾萬年，人類的大腦以爆炸性的速度進化，腦殼容量未能及時同步擴大，迫使大腦皮質摺疊密布，儲存著上十億個神經元和上萬億個神經元間的連線。玲瓏剔透的「人性」，極可能是大腦發展過程中一個意外的副產品。

人類基因的數目雖少，但像小提琴的弦，在刻苦學成的小提琴家手中，能奏出如訴如泣的樂曲。基因也像紅黃藍三原色，「人性」則為畫家手下的作品。「人性」是基因與後天環境互動的結果。單靠基因，成不了人。

注：

❶人類體細胞內含有雙套染色體（23 對，即 46 條），所以體細胞內共有 30 億 ×4=120 億個核甘酸分子或鹼基。

❷詳見 *Science Magazine*, "*SLC24A5, a Putative Cation Exchanger, Affects Pigmentation in Zebrafish and Humans*", pp1782–1786, December 16, 2005.

尋找外太空生命，值得嗎?

常有人問我，人，現在連地球上的事都管不過來，為什麼還要費那麼大勁，去尋找外太空生命? 醫生作家侯文詠先生問得更尖銳，他行醫、救人；他問：尋找外太空生命，每天能救幾個人?

一個每天得花費大量金錢去尋找外太空生命的科技管理機構，如果沒有納稅人的支持，尋找外太空生命的計畫就無法啟動，所以，這是一個必須認真回答的嚴峻問題。

1609 年底，伽俐略首次用剛發明的望遠鏡對準木星，發現木星有四顆小衛星。這個驚人的發現，證明天體不一定都得繞著地球轉，這與當時主流學派托勒密地心論直接衝突。伽俐略同時還宣揚人類有追求新知的自由，知識要以觀測數據和數學證明為準，不應以《聖經》的解釋為依據。1633 年，天主教會宣判他為異教徒，處以無期徒刑，終身軟禁在家。據說，伽俐略臨終前，手指蒼穹，說：「我知道!」

1994 年，薩根 (Carl Sagan) 罹患癌症的消息傳出，紐約州成千上萬的天主教徒為他祈禱，希望他在死前皈依天主教，但薩根最後的遺言是：「我不要相信，我要知道。」

人類並不是完全理性的動物。當我們講完天下所有的道理，包括人類應該需要知道自己是否孤獨地存在於宇宙之中，然而在許多人眼中，尋找外太空生命，仍像買期股一樣，花錢像流水，回收難測，是場豪賭。

目前，人類只知道地球上有生命存在，而地球上的生命以碳為基礎，在地球特殊的自然環境中演化而來，所以應是宇宙孤本。如果外太空生命不以碳為基礎，會是什麼模式呢？基因也會是雙螺旋結構嗎？我們有足夠能力去認識與地球截然不同的生命嗎？人類原始的呼喚是：我要知道！這是推動人類文明前進的原動力。

現在人類基因組圖譜初步解碼成功，許多以前神祕的疾病，或許都能在這些圖譜中，找到合理的解釋。人類「我要知道」的衝動，說不定就深植在某組核苷酸基因組上。

與阿波羅登月、人類基因組圖譜解碼計畫一樣，尋找外太空生命是人類探索未知的壯舉。人類以發展智慧取得了主宰地球的權柄，智慧是我們賴以存活的資本。未知知識領域也許蘊藏著生死玄機，「我要知道」的衝動或許是上帝為人類購買的「自我拯救」生命險，有天我們可能就得靠這些新學到的智慧，才能逃過類似恐龍大滅絕和其他無法預測的自然浩劫。

尋找外太空生命，能救幾個人?答案也許是全人類。

太空探測 VS. 地球饑民

每個發展太空計畫的國家，包括臺灣在內，皆會遭到其國內有識之士的責難，認為國家經費用到太空錦上添花的項目上，是浪費納稅人的錢。洛杉磯一群華人知識份子組成的「源社」朋友們，也表達了對此事的看法。「源社」朋友們對在太空計畫上花費的立場和意見，相當接近獨立媒體對一般老百姓問卷調查的結果。

有次到西海岸出差，承蒙洛杉磯「源社」朋友的邀請，要和我討論最近出版的新書《生命的起始點》。多位「美國促進中國科普協會」和「保釣」時期的同志們，也撥冗參加。老朋友久別重逢，相談之下，依然激情如昔。

會後不久，接到「源社」陳女士別開生面的會議記錄：

生命源起錄

宇宙洪荒亙古世　霹靂爆震破玄黃

混沌開啟乾坤定　日月盈昃辰宿張
銀河一族太陽系　藍色地球吾輩鄉
生命源始核糖酸　由簡入繁演化忙
迭經汰選億萬載　適者生存弱者亡
基因密碼今已解　人類複製亦在望
迴首再勘源起錄　肇始推手仍難詳
尋幽探祕雲霄外　謎底或顯火星上

看到這麼用心寫出的記錄，深感知音難尋，有些受寵若驚。宇宙中生命起源不是個小問題，聽者得肯和講者互動，跟著並不是一看就透的思路，紆迴前進。我又不時強調地球生命可能來自外太空，得動用「大科學」經費，或能奏功。「源社」會員們皆為一時之選，聰明絕頂，博聞強記，悟性特高。這首詩證實他們聽懂了，使當講者的我有點飄然，自認為演講內容可能真的達到了深入淺出境界，心中竊喜之情竟油然而生。

其實我高興得早了點。陳女士交代過會議記錄後，話鋒一轉，「……你們過去在太空探測中所獲得的成就，做為人類的一份子，就算我也和你一樣滿意和自豪，但這些成果對地球上的人類又有什麼用呢？……每次看到非洲大陸在死亡邊緣掙扎的饑餓小孩，就認為太空探測太浪費，……應該把這項經費用來拯救地球饑民……我寧願不知道宇宙生命起源的奧祕，也不願看見烏干達的小孩像成群蒼蠅一樣死掉!」

接著，「……同意你的說法，穴居的『山頂洞人』偶爾會瞄一眼星空，甚至盯住火星熒惑，但他最重要的任務是狩獵打食，養活自己的女人和小孩。……一個快餓死的人的最後一句話，會是：讓我再問一下李傑信，不知太空探測戰線那邊有沒有振奮人心的新發現?」

繼續，「……非洲撒哈拉沙漠三角地區和中國西域邊遠貧苦住民，從你們太空探測得到任何好處了嗎？地球上近 65 億人口，又有百分之幾沾了太空的光?」

結論，「……我不相信發展科技是通往佛祖涅槃的道路。……《大學》不是說『修身齊家治國平天下』嗎?別好高騖遠，先把地球人肚皮填飽了再說。溫飽後才有餘力追求幸福快樂，這才是人類文明發展終極的目的。……」

最後補充，「……這是『源社』主流看法。……」

哦，原來是這樣。

這不能算是當頭棒喝，但相當接近。比較像是剃頭擔子一邊熱，被潑了一盆冷水。但其實我心裡很明白，如果在全世界居民中對太空計畫花費進行問卷調查，結果應有 50% 的老百姓會提出類似問題。

從「史潑尼克」上天後，這類論戰在美國學術界和媒體中熱烈進行，已有四十多年的歷史。1993年第103屆國會僅以一票之差通過「國際太空站」經費，就是明證。

「阿波羅」登月計畫成功收場後，為了繼續養活20萬太空科技大軍，美國航太總署打造出規模龐大有如白色大象的「太空梭一太空站」計畫，又精心組織了工業、學術和政府三方面遊說團，鍥而不舍地在媒體上造勢，當外界的政治預算氣氛一發生變化，「太空梭一太空站」計畫的內容也隨之改變，真像是以阿米巴變形蟲迷濛身影，籠罩住太空站白色大象的本質實體，摸石子過河，蹣跚前行，企圖掙扎存活到太空站懷胎八月無法人工流產的局面。

但航太總署一直無法回答從60年代就被提出的一連串「為什麼」的問題：為什麼人類需要太空站？為什麼太空站造價那麼貴？為什麼人類要到太空去住？為什麼？為什麼？為什麼？……

「911」後，美國「國格」發生激烈變化，「太空站」繼續朝前發展的國內、國際政治條件已不復存在。2003年農曆初一「哥倫比亞號」回航解體，雪上加霜。布希政權緊急推出「回月球、去火星」計畫，力挽狂瀾。三年後，「太空梭一太空站」計畫已悄然退居二線。「太空站」不能回收的成本(sunk cost) 200億美元，似乎只為美國納稅人買來個「看它起高樓，看它樓塌了」的惆悵。

但新的一串「為什麼」問題，還是如影隨形，緊追「回月球、去火星」計畫不捨。為什麼要建月球基地？為什麼要去火星？為什麼要探測冥王星？為什麼要探測歐羅巴？為什麼要尋找外太空生命？和太空站時代一樣，怵目驚心的還是為什麼？為什麼？為什麼？……

所以，世界上有 50% 的民眾會像「源社」的朋友們關心烏干達餓成皮包骨的小孩，急切想關掉為全人類和平使用太空的航太總署，好把每年 160 億美元的經費轉移，火速拯救可憐的饑民。

每年 160 億美元，不是筆小數目，夠買上千萬噸的白米，的確能救助所有烏干達嗷嗷待哺的小孩。比較起來，布希在伊拉克每年軍費 870 億美元，這筆錢只管殺人，不管救人。更厲害的是美國國防軍費每年 4,000 億美元，訓練軍人，製造武器。B-2 轟炸機出航萬里，炸彈由 4 萬呎高空投下，精確出擊目標建築物，由窗口飛入敵人指揮部爆炸，殺傷率 (kill probability) 近 100%，是軍事科技奇蹟。160 億是 4,000 億的 4%。如果能挪用國防部費用救餓民，我肯定，不只烏干達的小孩，全地球所有饑民都能得到溫飽。

大部分人可能會有誤解，以為不做太空計畫省下的錢可以拿來拯救餓民。他們會有件令人震驚的發現：即使航太總署關門，那 160 億美元肯定馬上會被布希轉移成軍費，不但救不了人，可能又多買到 160 億美元價值能殺死的生命。

但我對這類問題還是願意以就事論事的態度處理。這本書中，在〈「阿波羅」的種子〉、〈尋找外太空生命，值得嗎?〉和〈別讓地球再挨撞〉等章，我以不同的角度，試圖回答這一連串為什麼的問題，在此不再重複。回答這類問題，直覺反應皆以天上科技衍生 (spin offs) 出的商用利益為主。比如迷你電子元件是「阿波羅計畫」的衍生產業；全球定位衛星非太空科技莫屬；有些藥品的蛋白質晶體結構，航太總署屢次向國會邀功，都被大藥廠譏為賣藥郎中；太空圓珠軸承生產更被工業界嘲笑。「別讓地球再挨撞」的科技，可能幾年內就可用上，但也可能幾百萬，甚或幾千萬年也派不上用場。人類肯現在就投資研發這類科技嗎? 但如果不及時投資，一旦出現彗星或小行星直衝地球局面，臨時抱佛腳不及，造成人類文明大滅絕，當然是無法彌補的遺憾。但這類衍生利益論點，頂多能達到障眼拖延效果，無法能使反對太空計畫的人類信服。

伽俐略在臨終手指蒼天，說:「我知道!」卡爾薩根臨死前，紐約州成千上萬的天主教徒為他祈禱。本著對科學探索未知的信念，他還是說:「我不要相信，我要知道。」當我們雄辯滔滔，把天下的道理說盡，太空探測的衝動終究要歸納於人類向未知挑戰的範疇內，自然得像地心引力一樣，像餓了要吃，像渴了要喝，像要呼吸，像要伴侶，像要愛情，像要做愛。

為什麼人類需要太空探測？我最誠實的回答，不是在金錢的糊塗帳上打混戰，而是在原始基因呼喚上找答案，那才是亙古流動於人類血液中的饑渴——剪不斷，理還亂，但熱情如火，是至愛！

跟著水走

火星地表乾燥的程度，我們地球人難以想像。智利的亞他加馬沙漠中有些地區，有史以來，從不下雨，為世界上最乾燥之地，是美國航空暨太空總署用來模擬火星環境的寶地。但它和火星比起來，還是差一大截。

人類近代從事火星探測將近 40 年，獲得的明確知識是火星以前可能有浪濤洶湧的海洋，或許比地球深 10 倍。但目前火星的地表液態水卻完全絕跡。換言之，火星那麼巨量的水都躲起來，不見了（彩圖 13）。

火星沒有海洋，沒有海平面，地勢起伏，以人為規定的基準面 (datum surface) 為準。基準面是火星地表大氣壓為 6.107 百帕的高度，在概念上與地球以一大氣壓（1,013 百帕）為海平面高度類似。火星地表液態水消失，就是因為在 6.107 百帕的氣壓下，水的沸點為 0℃，冰直接昇華成水氣，根本不需經過液態水階段。火星地表沒水，是物理定律必然的結果。但火星地底，越深壓力越高，冰融化時，就必須先變成水，再變成水氣，也由物理定律主控。

火星地表除了無水外，還有別的魔障。大氣稀薄，強烈的紫外線和宇宙射線長驅直入，轟擊地表上億年。即使火星以前曾有過較高的大氣壓，地表潮濕溫暖過，真的有過生命存在，但在大氣逐漸流失下，結果是生命若不先渴斃，就等著被輻射線扼殺，最終還是逃不過死劫。

人類尋找火星生命的熱情，的確因為火星無水，而曾遭到嚴重的打擊以致心灰意冷。生命跟著水走，生命無水可逐，只有死路一條。

✢ 有水，還是沒水?

火星真的沒有水嗎?

目前數據顯示，火星不但有水，還可能有很多的水，只是水不在地表，而是深藏在地底。地底的水，大部份以永凍冰層的水冰狀態存在。生命以液態水為工作流體，才能存活、演化。水冰在地底如果只維持固態，對生命起源和發展還是無濟於事。所以地下的水冰一定要變成地下淙淙水泉，生命才有起源和演化的可能。火星地下的水冰有可能融化成水嗎?

我們的地球板塊運動活躍，地震頻繁，溫泉廣布，地殼內部充滿了青春活力。相比之下，目前火星地表似乎是死寂一片，沒有板塊運動跡象。可是，小矮個兒火星擁有眾多的火山，其中最大的奧林帕斯山高出基準面 27 公里，比埃佛勒斯峰高度多出三倍有餘，堪稱為太陽系唯我獨尊第一峰。令人類更興奮的是，火山熔岩表面有如剛出爐的麵包，鮮有幾處小隕石撞擊口，道出這些巨無霸火山年紀輕，在 5-10 億年之間。所以，至少在 10 億年前，火山的地熱還甚豐富。火星地下的水冰，只有地熱才能將其融化成液態水。關鍵的問題是，這些地熱現在還存在嗎?

人類第一波兩架太空船「維京人號」登陸火星後，一項重要的科學任務就是測量火星地震。「維京人二號」記錄了兩次地震，一次規模 6，一次規模 2。可惜的是「維京人一號」地震儀故障，無法與「維京人二號」連線作業，以決定震央確切位置。引發地震的原因很多，但以邏輯推理，地底火山活動可能是其中原因之一，不能輕易排除。所以，這兩次地震有可能是由火星地底火山活動所引起的。果真如此，那麼我們就能說火星地底岩漿餘威尚存，而在地底火山口附近的水冰就有機會被融化了——地底的淙淙水泉於焉而生。

科學家們當然可以得理不讓、盡情發揮，夢想火星地下溫泉湯，甚至還好像已經看到了火星微生物，躲避在宇宙射線轟擊不到的地底溫泉鄉，安家落戶，活蹦亂跳。其實這類說法都不算數，如果科學家們真的厲害，就請拿出證據，給我們一毫升的火星地下水看看！

直接證據一定得來自地底。登陸火星已屬不易，有如在上億公里外遙控細線穿繡花針。現在又要求探測儀登陸後，拋下地表的地質科研沃土於不顧，馬上往地底鑽，真是難上加難。人類肯再傾家蕩產，發展出一架火星鑽探取樣機嗎？

科學家們一向不計成本，夢寐以求的就是取得一加一等於二的直接證據。人類 21 世紀火星探測頻繁，除了傳統的地表和大氣的探測外，並有耗資龐大的火星取樣任務 (MSR)。更重要的是在 2010 年以後的十年，向火星地底進軍是主要探測方向之一。

生命找水。火星探測找生命，就得找水。火星的水在地底，尋找火星生命就得跟著水走，往火星地底鑽。

地球生命的起源可能和火星息息相關。火星個頭小，散熱快，在隕石風暴消停後，可能搶先抵達生命起源條件。生命如果真在火星上首先出現，乘上頻頻出發的隕石列車，抵達地球，播種生命，是我們目前無法排出的可能性。

火星是地球的近鄰，單程 180 多天就可抵達，人類在 21 世紀內，或許有希望親自去拜訪，迅速揭曉火星生命的謎底。

✣ 左旋，還是右旋?

除了火星外，太陽系中還有別的星球可能有生命存在嗎? 其實木星的木衛二最有希望，甚至超過火星。木衛二表面是一層厚實的冰殼，冰殼下可能為深達 100 公里的海洋。在木衛二上不需辛苦找水，因為它本身就是個大水球。但木星距地球太遠，登陸木衛二探測，花費更大。但科學家們早已展開想像力，夢想送一架水中機器人 (hydrobot)，以核能加熱穿過數公里厚的冰層，潛入海中，四處漫遊照相，說不定能看到魚在鏡頭前出現，經由木衛二通訊衛星中轉站，把圖像送回地球 (彩圖 12)。

太陽系內的生命，因為隕石互訪感染，生命可能來自同一源泉，生命的結構，也可能和地球一樣，是以碳為基礎、DNA-RNA 為藍圖、左旋胺基酸為結構的蛋白質生命。左、右旋胺基酸構成之蛋白質的形成，約在 40 億年前生命起源年代，機率可能各半。太陽系可能是清一色選擇了左旋胺基酸蛋白質結構，但在太陽系外，右旋胺基酸蛋白質結構的生命很可能存在。人類的科技，已能找到數百光年外的行星，現在正努力發展比「哈伯」大上數十倍的「下世代太空望遠鏡」(NGST)，通過它對太陽系外行星的光譜分析，我們說不定真的能偵測到生命氣體，如綠色生命排出的氧氣和動物排出的甲烷等，看到右旋結構的生命，那又是件多麼令人興奮的事呀!

從科幻到科普

對凡爾納（Jules Verne, 1828–1905，法國作家，被譽為「科幻小說之父」）的作品，我並不陌生。記得在初中時就看過寇克道格拉斯演的《白浪滔滔伏海妖》，是《海底兩萬里格》(*Twenty Thousand Leagues Under the Sea*)❶的好萊塢電影版本。五十年後的今天，電影中的大烏賊和「鸚鵡螺號」潛艇記憶猶新。凡爾納一生寫出五十多本泰半以科幻為主體的小說。在 1870 年寫完《海底兩萬里格》。五年後，又完成了《神祕島》。在《神祕島》中，「鸚鵡螺號」尼摩船長再次現身，凡爾納以當時的科幻語言，寫出「利用無法估量的機械能和消耗源不絕的能源產生出電能……用於潛艇上的一切需要……」。1954 年，也就是短短的八十四年以後，以核子動力推進的潛水艇就實現了。雖然第一個使用「鸚鵡螺號」為潛艇命名的不是凡爾納，但第一個把「無法估量」的能源概念和潛艇掛鉤的是他。於是現在我們在科學的真實環境，一談起核子潛艇，就會聯想到科幻世界的凡爾納。科幻與科普之間的時差竟會如此地短暫，真令人震驚，更讚嘆凡爾納從科幻洞觀到未來世界的能力！

但對律師出身的凡爾納而言，他的科幻故事通過他對科學知識刻苦鑽研，是建築在堅固的科學磐石上的。「鸚鵡螺號」只是其中最為人知的例子。《神祕島》一書中有不勝枚舉的科普知識。我一開始讀這本書後，就為他們在荒島上不知怎麼生火著急，趕快在書沿寫上「透鏡」兩字。人類發明火已有好幾萬年。中國的「山頂洞人」信手拈來火種，就能將獵來的鹿肉隨到隨烤，洞洞飄香。可是這些在十九世紀中葉、工業起飛年代落難的的智人類竟然求火無門，直到工程師史密斯神祕得救歸隊後，以水珠透鏡引日光起火，輕鬆搞定，其他人才恍然大悟，只要有知識，生火僅為小事一樁，不足為道。

其實貫穿這本科幻小說的竟然就是這類的科普知識。書中另一個大動作的敘述，就是為神祕島在茫茫大海中定位。記得第一次到澳洲墨爾本出差，我就迫不及待地等天黑看南十字。看到的亮麗南十字，比想像中大許多。但以南十字為起點尋找南天極，遠不如以北斗七星找北極星來得容易。這是因為在南天極附近並無可見之星，更何況南天極離南十字最亮的星還有二十七度之遙。但工程師史密斯通過類似童子軍用的幾何運算找到南天極，也就定出島嶼的南緯度數。至於經度，凡爾納取個巧，找到一隻尚在走動的機械錶，知道美國東岸時間，與當地正午時間相比，計算出島嶼的經度。最後把神祕島定位在西經 150 度 30 分、南緯 34 度 57 分，夠精確的了。看到這，我也急忙把書房的地球儀找到。果然，神祕島所在地是茫茫大海一片，僅北邊有法屬的土布艾群島 (Tubuai Islands)（書中虛構為塔波群島）。

除開為神祕島成功地經緯定位之外，書中的五位主人翁，通過工程師史密斯掌握的人類全方位如百科全書般的科學知識，將神祕島由無到有，打造成一個當代最先進的科技園區。他們互相信任依賴，合作無間，建立起煉鋼廠、化工廠、造船廠、製布廠、磚廠、陶具廠和農場等。例如，由一粒麥種開始，他們在兩、三年內竟然收成了好幾百萬斗的麥子。他們能就地取材，由硫酸鐵礦石，提煉出高濃度硫酸，再用硝石和硫酸反應，製成硝酸。最後硝酸加甘油，竟然製造出硝化甘油炸藥！看到這，我不禁想，可能每個人都該隨身帶本《神祕島》，萬一不幸漂到荒島上可翻書查閱，學習如何就地取材，使用當地資源，活命安身。《神祕島》雖以科幻小說面目出現，但書中科普知識琳瑯滿目，美不勝收。

講到就地取材，不得不提一下美國航太總署「回月球、去火星」的核心構思。「阿波羅」登月任務，只是旋風式的造訪，任務中所需一切給養皆全部攜帶，自給自足。而這次洋娥再次奔月，是要在月球上安營紮寨，成為月世界的綠卡居民。日常所需，需就地取材 (In Situ Resources Utilization, ISRU) 才能完成任務。凡爾納彷彿在一百三十年前就已提出一份美國航太總署想要的 ISRU 構思計畫。如果把《神祕島》五個主人翁變成 21 世紀登月太空人，他們肯定能使用當地資源，從月球的沙中提煉出可供呼吸的氧氣，和蘊藏豐富的核子燃料氚，並也能找到抗宇宙射線轟擊的地下「石窟」，還有月球背陽面的「水冰」礦。從這個角度看來，《神祕島》一書與其說是科幻作品，我想把它當成科普著作也不為過。

《神祕島》的時代背景，是工業文明起飛時代。人類對科技能力有極樂觀的憧憬。工業污染尚無蹤影，溫室效應氣體還沒有在南極洲上空鑿個大洞❷。當時也認為，地球萬物皆為人類而生，人自可隨意殺食。例如，神祕島上虎豹可能傷人，五位人類毫不猶豫，認為應把這些「原住民」統統趕盡殺絕。我想凡爾納終其一生咬定科學萬能，至死無悔。所以，以一百三十年後的標準，要《神祕島》一書有環保意識，可能有失公允之嫌。

除開許多豐富精彩的科普知識外，《神祕島》一書也有極其人性溫馨的一面。大海盜殺人犯艾爾通被從塔波島救回後，五位主人翁以光輝的人性，感化艾爾通改邪歸正，盡贖前罪。這又是 19 世紀人類樂觀進取的一面。

在當今現實的社會，我們需要更多的這種悲天憫人的胸懷。

注：

❶凡爾納很出名的一本科幻小說 *Twenty Thousand Leagues Under the Sea*，1870 年寫成，中文一般皆將其譯成《海底兩萬里》，也就是將 "League" 譯成音甚接近的「里」。League 是一個古老的長度單位，19 世紀前在歐洲和南美流行過一陣子，約等於現代的三哩或五公里。但現國際上已不通用。所以，從實際的里數角度來看，《海底兩萬里》是錯誤的翻譯。但我想凡爾納本意是以「兩萬 Leagues」來形容一個巨大的潛航距離，並不斤斤計較於里程數字的精確性。如果譯成《海底六萬哩》則太魯莽，譯成《海底十萬公里》就更離譜。把 League 譯成「里格」，從古制，與「哩」和「公里」劃清界限，是折衷辦法，既保留了原文 *Twenty Thousand Leagues Under the Sea* 的文學涵意原貌，又達到了技術沒錯的目的。葉李華博士首先提出這本書的正確譯名應為《海底兩萬里格》，我贊成。

❷造成南極上空臭氧層稀薄化的罪魁禍首是氟氯碳化合物 (CFCs)，也是一種溫室氣體。大氣中主要的溫室效應氣體為二氧化碳 (CO2)，甲烷 (CH4)，氧化亞氮 (N2O)，臭氧 (O3) 和氟氯碳化物 (CFCs) 等。大氣中的水氣 (H2O) 也是重要的溫室效應氣體，但它的存在一般與人類活動無直接關係。請參閱 http://www.hko.gov.hk/wxinfo/climat/greenhs/e_grnhse.htm

後　記

每年十月上旬，是諾貝爾獎公布時期。今年在我負責管理的項目下，又有一位研究員約翰霍爾 (John Hall) 以發展高精密度頻率穩定雷射技術獲物理獎。他是 1996 年通過同行評審進入航太總署基礎物理研究課題。對我一名科技管理人員而言，得到的是一種珍貴的欣慰。

本書脫稿時，正值中國「神舟六號」上天之際。我有機會在 4 天內 8 次以嘉賓身份，從美國首都華盛頓衛星連線為中國中央電視臺觀眾進行實況點評，故在此就多說幾句。

以太空專業人員的眼光來看「神舟六號」，它配備有推進艙、返回艙和軌道艙。軌道艙內設有小廚房、衛生設備和太空科學實驗室，使用空間雖然遠不及「國際太空站」來得大，但功能齊備，是一個配套完整的航天系統。我在電視上的評語是：「當費俊龍從返回艙進入軌道艙那一剎那間，中國就取得了國際太空俱樂部的一級會員資格。」在神州大地「嫦娥奔月」神話出現幾千年後，炎黃子孫終也能像西方科技強國一樣，改進研發出獨立的航天科技，登上神舟，上天，變成了一顆閃爍的星星，在蒼宇中遨遊，這真是值得中華民族驕傲的歷史性輝煌成就。

「神舟六號」使用的太空科技，表面上看來，接近1960–1970年代美國的「水星」、「雙子星」和「阿波羅」太空船的航天系統。有的專家分析，中國的太空科技似乎和美國有近40年的差距。我認為這是一種似是而非的看法。「哥倫比亞號」事件發生後，美國被迫制定出「回月球、去火星」計畫，第一步是「洋娥奔月」，全面從高危險性的太空梭科技撤退，加速「國際太空站」退休步伐。太空梭能重複使用、載重量大、在大氣層和太空中皆能使用，毫無疑問，是美國僅此一家、別無分店的遙遙領先技術。但和60年代太空船技術相比，太空梭太複雜，維修費用龐大，危險性偏高，而其燃料箱不夠大，只能在近地球領域穿梭，不像太空船，輕巧簡單，成本低，危險性低，又能脫離地心引力，無遠弗屆，可載人遠航到月球甚或火星去探測。

為了確保月球地盤，美國又啟動恢復1970年太空船科技，而中國從1990年代起用的就是太空船，並且鍥而不舍地在材料、電子、電腦、通訊、導航方面，注入了21世紀的新技術。真是山不轉水轉，美國向過去討科技，中國朝前趕科技，一退一進，中美航天科技差距正快速縮減中，目前應在15年之內。送阿波羅登月的土星火箭推力能送30公噸載重登陸月球。相比之下，送「神舟六號」進入地球軌道的長征2F火箭推力僅夠載重約10公噸。美國目前正在絞盡腦汁，研發20公噸載重級以上的一次性載人火箭。中國如想實現嫦娥奔月夢想，關鍵也是在於發展載重20到30公噸級的一次性載人巨無霸推力火箭。

但中美太空科技差距有如把雙刃劍。差距太大，美國就橫行霸權，緊貼著中國海岸線巡邏；差距拉近了，美國本土保守派的「中國威脅論」就塵囂日上，造成中美關係箭拔弩張，都不是好事。所以，以中國一個世界上碩果僅存、有五千多年歷史深度的國家，最好的做法是在國際和平的氣氛中，不談太空競賽，但一步一個腳印，穩重前行，成果自然就累積出來。

這本小冊子共收集了32篇短文，其中泰半的原稿在《中國時報》「浮士繪」專欄發表過，較長的幾篇是幾本書的序文或推薦文，有數篇原稿曾發表在《科學月刊》和《科學人》等雜誌，尚有數篇是新作。

由於本書考量到社會一般大眾的科學閱讀能力，在編輯的建議下，我對這本書中的每篇文章做了大幅度的增、刪、改。所以，本書文章的內容和以前發表過的已有相當大的出入，再加上15張配圖，徹底為這些文章做了第五級翻修保養，使它們獲得了新的活力。說到配圖，

「黑洞」配圖的搜尋，頗值得一說。「黑洞」，顧名思義，是看不見的天體。如果不配上一張圖，讀者們可能難以理解，所以經過數星期網路搜索，竟然發現了一張藝術家想像圖，是黑洞吞噬伴星的寫照，雖不是真正的哈伯照片，但它是根據天文學家在 2002 年 11 月 18 日公布的新發現的科學數據所繪，立足點堅實。像所有其它的篇章一樣，沒有三民編輯的堅持激勵，這張美麗又恐怖的「黑洞」肖像，是不會在本書中出現的。

我的老同學賴明詔和我敬重的作家劉大任為這本小冊子寫了序文。他們敏銳地看穿了我寫這些短文的動機，也清晰地分析了我那麼一點寫作時的心路歷程，在此特別感激他們，而這本小冊子能順利完成，還有許多人的協助和幫忙，也一併感謝。

李傑信

2005 年 12 月 20 日

源起：《科學月刊》和「交通大學科幻研究中心」在李博士發表《追尋藍色星球》和《我們是火星人?》時，曾分別與李博士進行了訪談。參與《科學月刊》訪談的有當時的總編輯程樹德（以下簡稱「程」），編輯委員葉李華（以下簡稱「葉」）與曾耀寰（以下簡稱「曾」），以及主編蔡耀明（以下簡稱「蔡」）。「交通大學科幻研究中心」的訪談由孫嘉芳主持。以下為這兩次訪談紀要。

附錄一

——從太空夢到人文關懷

與太空科學家李傑信訪談

蔡耀明／王翊馨

程： 我們知道李博士您是學物理的，為什麼會選擇從事太空科技的研究？又是在什麼情況下進入「噴射推進實驗室」？

李： 在拿到博士學位後，如果順其自然、又不作任何其他選擇的話，下一步大概就是從事科研工作了。當初從博士後研究到進入美國海軍，做反潛戰方面的技術發展，我第一次可以自己設計魚雷的聲納系統，實在是很有興趣、很好玩。但是，漸漸地我腦海裡浮現了這樣一個問題：一個人有了一些科學知識，是不是應該慎重地考慮一下要往哪一方面走？當時在海軍，整天就是想辦法改良武器的精確度和殺傷力。這樣的工作，做了兩年我就不願意再做了。而且，我慢慢覺得學科學的人，應該要本著良知去從事科研活動。那時剛好有一個轉業的機會，就是美國航太總署（National Aeronautics and Space Administration，簡稱 NASA）的噴射推進實驗室（Jet Propulsion Laboratory，簡稱 JPL）需要人去那邊當研究員。我知道 JPL 做的太空科技研究，是為全世界和平而做的，這是我決定到那裡工作的一個重要因素。從那時候開始，我做的科研工作就是要為了世界和平，要為人類的科學知識和文化作出貢獻。

蔡： 李博士您為什麼要從純粹的科研工作轉向科技管理？難道不喜歡做研究工作嗎？

李： 當然喜歡科研的工作，我剛到 JPL 工作時，真的是很狂熱。當時正好有兩架「維京人號」(Viking) 在火星上，每天都有火星的天氣報告傳回來，後來 JPL 又送出去兩個「航海者號」(Voyager)，去拜訪太陽系眾多的行星。這使我覺得人類科技發展很有希望，感到很開心。我在 JPL 的工作主要是太空材料方面，例如「微空心球」(microballoon)、「金屬玻璃」等方面的研究。因為太空實驗的環境和地上實驗的環境很不一樣，有些人類在地面環境做不出來的材料，在天上可以做得出來，比如說一些成分特殊的合金和高純度的半導體單晶等。在 JPL 做研究工作，從 1978 年做到 1989 年，包括最後兩年借調到總部去，前後有十一年的時間，我發表了很多篇論文，也獲得了八項美國專利。總而言之，在 JPL 做研究是很享受的。

那麼，我為什麼還要到總部去做科技管理的工作？那時有一個重要的想法，我覺得做了十幾年的研究工作，尤其是從 1972 年畢業後，不管是在海軍部或 JPL，科研工作基本上就是一年發表四、五篇論文，開幾次科學研討會，被邀請、做討論，未來的整個研究生涯，大致上是可以預測的，甚至退休前發表多少篇論文、參加多少會議幾乎都可以算得出來。一個人到了四十幾歲，就會開始想做一些從前沒做過，但又想做的事，到 NASA 總部做科技管理就是一個這樣的工作。

1987 年 NASA 總部堆積了二百七十多件研究計畫，急須處理，就把我從 JPL 調到總部，任務就是完成這些研究計畫的評審工作。為什麼會找我去？舉個例子，如果我想要找人家做一件什麼樣的事情，可能腦海裡已經有一個資料庫，那個資料庫會告訴我誰是最適當的人選。至於為什麼那個人會在我的腦海裡出現，可能是他以前在我面前說過什麼話，或做過什麼事，使我很有把握他可以把那件事情做得很好，甚至我可以確定他是我所有認識的人當中，最適合做那件事的人。大概當時總部的局長對我也有這樣的印象，於是他們就叫我過去。而我也想做一些不一樣的事，所以我就到總部去了。

蔡：您做科研工作時這麼享受其中的樂趣，從事管理就失去了那種「發現的驚喜」，會不會有失落感？

李：我花了近兩年的時間，才把那二百七十餘件研究計畫的評審工作全部處理完畢。在這期間，我也從自己很狹窄的科研領域擴展到一個比較廣的層面。因為在總部能接觸到很多世界級的研究員，我開始對各種琳瑯滿目的科學研究構思都懂得了一點。我們的研究員在實驗室辛苦地做研究工作，一旦有了突破，他們會馬上打電話告訴我。他們的突破通常可以總結在一、兩句話裡，因此我累積下來的都是這些很濃縮的科學知識。這對當時不能親自做研究工作的我而言，雖然不能發表論文，無法繼續建立學術研究上的聲望，但是另一方面給我的滿足——知識的充分飽足感是非常珍貴的。在總部做管理的工作，我能夠從別人那邊廣泛地吸收了很多科學知識，這就是在總部工作與自己做研究之間的最大差異。因此，我這本書——《追尋藍色星球》所涵蓋的面也就比較廣。書的內容並不是我在總部一、兩年就可以寫出來的，而是我十幾年的經驗累積下來的結果。其實一直到 1995 年，我才覺得夠資格提筆寫些單篇的文章，前後花了四年的功夫，才把這本書寫出來。

葉： 通常我們會覺得學物理的人比較高傲，但是我感覺李博士不管學什麼都非常虛心，像是您在得到物理博士學位後，還願意去修一個管理碩士，心態是如何調適的？這是因為需要？還是興趣？

李： 興趣的確很重要，如果事業能和興趣結合，那是最好的，很可惜現在很多人不是這個樣子。我去進修科技管理，首先是因為很感興趣，另外也的確是需要這方面的知識和訓練。當時我們除了選擇一些上天的計畫外，還要發展飛行儀器。飛行儀器有很多種，審核時需要牽涉到許多技術和技術人員管理方面的專業知識。所以我不但要對研究員研究成果要熟悉，對中心上天儀器的管理、發展、製造也要「在行」，甚至對整個 NASA 的組織、人事、文化等層面的事情，也要知曉，才能把我分內的事做好。雖然我們都是在某個專業方面唸到了博士，但在管理上卻只是用自己的常識來做，所以到了某一程度之後，這些常識就不夠用了。NASA 有鑑於此，所以會定時送人到大學裡進修管理方面的課程。1991 年就有這樣的機會，總部打算派一個人去 MIT（麻省理工學院）進修科技管理碩士學位。當時總部有上千個技術人員，很多人會有興趣競爭這個名額，而選擇去競爭這個名額，對我而言也是一個重要的決定。當時我做的工作能見度很高，管理兩項很重要的太空飛行任務，美國國會和 NASA 都高度重視，而且這些任務都要在限定的時間內完成，進度就和我去 MIT 讀一年管理課程正面衝突。以短時間來看，我的上司對我選擇到 MIT 進修的決定不表贊同，但也無可奈何。我現在再回顧這件事，我認為絕對是正確的。科技管理的專業知識對我的幫助很大，使我看事情可以比較宏觀，層面比較高，以及比較專業。

NASA 有很多制度跟不上時代。比如說，我一直認為全面計畫管理 (master planning) 是不合理的。這也是科學家和工程師發生摩擦、衝突的主要原因之一。通常科學家提出一個計畫，被批准以後，由工程師去想辦法把科學計畫變成飛行計畫。因為工程師是依賴飛行計畫而存在的，所以他們有一個職業上的天性，就是任何一個科研計畫一旦被批准，他們就馬上把整套計畫管理搞出來，然後一步跟一步、赴湯蹈火地照原計畫執行，一直到把實驗送上天為止。但有時一些上天實驗啟動的時機太早，科技不夠成熟，基礎還沒發展好。要把它變成飛行計畫，就要把錢一直花，花到基礎的科技發展出來。所以，不成熟的科技會造成時間和金錢的大量浪費。另一個方法是策略管理 (strategic planning)，靈活運用成熟的科技，去挑選最適當的飛行計畫。這就是科學家和工程師之間經常發生的問題，也可以從這裡看出策略管理和全面計畫管理的差別。從 MIT 回到總部後，我使用策略管理概念，把我們部門的飛行計畫評審程序做了大幅度的修改，在《追尋藍色星球》一書中有詳細記載。

程： 您是在何種機緣下展開科普工作的？

李： 這要從 1979 年受父親之託回東北老家探親談起。那一次探親經驗給我很大的衝擊。我的親戚，尤其是堂兄弟們，他們的天資應該是與我差不多的，可是在那個環境（貧窮落後的社會）下，能讓他們發揮的機會實在是太少了！那個時候，我就想：我可以為他們做些什麼事情？我可以為中華民族、社會貢獻些什麼？於是我和幾個志同道合的朋友在洛杉磯組織了一個團體，叫「美國促進中國科普協會」。後來我有機會和王贛駿到中國訪問，認識了中國航天部的負責人和工作人員，還有許多媒體記者們，才能夠實際地組織一個大規模的科普活動，也就是「中國青少年航天飛機科學實驗」活動。我們又安排把兩屆中國的得獎中學生接到美國來參觀訪問，本來只是募款和接待的工作，但因為「六四事件」的發生，使我們花了好大額外的勁，才把他們來美參觀訪問的事辦成。我去中國推動科普工作，NASA 本來是大力支持的，支持的程度甚至可以讓我用 NASA 上班的時間和聯合國的錢去大陸做這些事情。但是因為「六四事件」，我們的科普工作失去了美國社會和美國政府的支持，所以目前做起來就比較辛苦。臺灣的情況還好，因為臺灣和美國都是自由民主的地方。我們辦了這麼大的活動（中國青少年航天飛機科學實驗），臺灣卻不願意參加，這是一件很可惜並且對我個人而言，也是相當無奈和遺憾的事！在我們把兩屆中學生的實驗經由美國太空梭送上天後（1992 和 1994，兩次），我回了臺灣一趟，在《中國時報》發表了我幾篇科普文章。有人告訴我，有些文章在臺灣的一些大學布告欄中都張貼出來過，這些間接的消息給了我一些啟迪：既然我用科普方式寫的文章有學生喜歡看，就代表了這種文章有一定的作用。所以我後來又寫了好幾篇有關太空的科普文章，並參加「李國鼎通俗科學寫作獎」的甄選，得到這個獎給我很大的鼓勵，我後來就又寫了幾篇。漸漸地，我開始有了出書的念頭，我的朋友們也鼓勵我。想要寫這本書有一個重要的因素，就是在英文世界裡，科普書籍實在是非常的多，所以一般英語世界的老百姓很容易得到豐富的科普知識。反觀我們中文世界呢？卻是非常的匱乏！這使我決定要用我的母語——中文來寫這本科普書。我曾經和遠哲基金會談過，他們希望我多加深一些科學的想法，可是我覺得這樣就偏向於教科書了。跟他們談過之後，就更確定了我寫這本書的方向——我是要把科學概念和精神介紹給一般大眾，而不是要寫給科學家看的。雖然是個題外話，我很敬佩科學月刊社的朋友們熱情地在臺灣推行科普的工作。

蔡： 在您的演講中，常提到「起源計畫」(Origin)，可不可以請您講一下這到底是一個怎麼樣的計畫？

李： 人類在 21 世紀重要的科研計畫有好幾個，太空站計畫是第一步，送人去火星則是其最後目標。在這中間，我們要找水，還要找外太空生命。另一個很重要的計畫，就是在找生命的過程中，我們要找和地球一樣的星球，也就是「藍色星球」，這是「起源計畫」的核心。「起源計畫」要找到宇宙的起源、生命的起源、行星的起源。這個計畫最重要的設備儀器，就是「下世代太空望遠鏡」——一個比哈伯至少大上十倍（約三十公尺）的太空望遠鏡。用這個望遠鏡，除了可以看到恆星，還可以看到行星；也就是說，大概在一百光年左右，即一千個恆星的範圍內，可以把恆星旁邊的行星看得一清二楚。我們希望透過下一代的太空望遠鏡，看看是不是可以找到藍色行星。氧氣是地球以碳為本的綠色生命光合作用的結果，正是因為地球上有氧氣，所以它看起來是藍色的；如果我們找到藍色星球，那個星球上有綠色生命的機率就很大。因此，除了建太空站之外，尋找外太空生命也是我們一個很重要的目標。

蔡：這個計畫在經費上有沒有什麼問題？

李：當初大眾之所以對哈伯望遠鏡的計畫有興趣，是因為他們看到哈伯拍出來的東西。所以，下一步我們是要把行星拍出來給大家看。這個很重要！因為如果老百姓也覺得很重要，那「起源計畫」的經費就沒問題了。其實尋找外星生命甚至比建造太空站還要重要，因為太空站計畫已經不需要再花精神，就是往下做了；但是如果能找到第一個藍色星球，NASA 的經費就肯定沒問題了。NASA 破天荒地剛任命一位生物學家為首席科學家，並成立一個外太空生命研究中心，請一位諾貝爾獎得主為中心主任。「起源計畫」也包容了巨大人文關懷的內涵——我們要幫整個人類找到一個藍色星球，那個星球上面可能有生命，而且這些生命可能會演化成有智慧的生命。如果真的是有智慧的生命，我們就會有很多東西向老百姓講。

在經歷阿波羅計畫和越戰之後，美國經濟不景氣，所以太空計畫就不再有強大的政治力量支持。因此，所有太空計畫到最後都必須要符合市場經濟，要應市場供求的需要。像是超導超級碰撞儀（Superconducting Super Collider，簡稱 SSC），就是沒有把計畫賣給社會大眾，雖然做了很多努力，但是始終沒有成功的提高它的政治地位，它後來在國會失敗的原因就在這裡。SSC 的失敗經驗起了一個警惕作用，對科學界產生了很大的正面效果。NASA 就是受到它的衝擊，決心要把太空站的政治地位提高，我在《追尋藍色星球》一書中記載了這段歷史。NASA 近幾年經費的穩定，得力於整個 NASA 工作人員對社會、人文的關懷不遺餘力的結果。科學家對社會的人文關懷要付出持久的努力。譬如請很多位諾貝爾獎得主，到國會、到各地去演講、去遊說大眾等，這些都是費勁又必須的工作。科研的工作有人文關懷加入之後，才有資格往下走。科學家不能只住在象牙塔裡，得要出去拋頭露面，這是很重要的事。以臺灣而言，科學家出來拋頭露面可能有兩個方向：一個就是到全省各地走透透——與社會大眾接觸；另一個就是要和國會議員對話。

以我的經驗來說，我們雖然不能直接去遊說國會，但是我們可以請別人幫忙做這樣的事。美國國會對於審議款項設有四個委員會，參、眾兩議院都有權力制定授權、撥款的法案，如果兩邊意見不同時，中間還有一個參、眾兩院合組的一個委員會，來調解糾紛，所以有時候會有五個委員會。NASA 是歸「獨立部門撥款委員會」管，其中主席，和一些委員就是裡面最主要的人。和議員推銷你的計畫時，你要讓他覺得這計畫能對全社會、人類有所貢獻，是一個擁有「高貴」情操的計畫，而不是他們平常做的「豬肉桶」勾當（指把聯邦政府的錢吸收到自己的選區去），這樣他們有時就願意去做。我們可以找諾貝爾獎得主去和國會議員的幕僚談，多幾個人去談了以後，他們就不得不和他們的主人講了。如果一個委員會裡有三、四個議員提同樣的建議，這案子就容易通過了。這種事情如果做多了，力量就很大。但是，你要注意題目選的不是自私，而是高貴；你不是為個人，而是為團體，為了全人類的福祉。「起源計畫」在國會有獨立的預算項目，長期預算都規劃好了。所以，它的預算是很穩定的，除了發生非常重大的事件外，國會通常是不會隨便動它的。

蔡： 很多學生在聽完您的演講之後，都表示他們對科學很有興趣，但卻很擔心現實就業的問題，您總是鼓勵他們要保持自己的熱情；但是，除此之外，我們的科學家們或者整個社會，能夠給這些有熱情卻擔憂的年輕人什麼樣的實際幫助？

李： 其實我們每個研究經費發下去，比如給他們十萬美金中，有五千到一萬去讓主要研究員做推廣科學的事，這其實並沒有給一般有熱忱的學生什麼實際的幫助，只是在引導他們的興趣而已。至於說整個社會給學生什麼實際的幫助，或是身為一個科學家，能給下一代的科學家製造出什麼更大的生存空間，這個我還是相信自然的力量最重要。這個事情單方面是做不了什麼的，一定要雙方面，我們給予幫忙，年輕人卻不努力，是不會有什麼成效的。就像一個小孩子在那邊，你努力去幫助他，但是他不發出主動的力量來接受你的幫助，這樣到最後也不會有什麼效果。

年輕人應該要在你能掌握的因素中去努力，努力學習，增加自己的價值，人家看你的表現，就會給你幫助。如果你的條件不夠，機會也不會來找你，所以要在你擅長的地方努力，表現你的優點。就算你想中彩票，你還是要先買彩票、要先投資才有機會中獎。也就是說，你還是得先找工作，才有機會。

一個健康的態度是——你不能光坐在那邊等機會來找你。如果我坐在這裡一直等機會來找我，那我可能就有一種「懷才不遇」的感覺。這種「懷才不遇」的人我看得太多了！如果我有了這種感覺，我就要做一些事情讓我覺得自己有用，這樣就會有成就感。講得更明顯一點，就是要把命運掌握在自己手中，所謂「一步一個腳印」。你唯一能夠要求的就是你自己，假如你一直抱怨別人幫助你幫得不夠，這大概不會有什麼結果。但是學識很好，又很熱心，出來還是找不到工作的也大有人在。假如說你盡了自己的努力，還得不到結果，那你只好再努力。我深信社會會幫助你的，但你要先幫助自己。

蔡：您說要探索外太空生命，但是我們還無法確定外星人到底是善還是惡，若找到的是不友善的外太空生命，那我們豈不是很危險嗎？你們有沒有考慮過風險的問題？如果真的有風險，為什麼還要尋找？

李：其實人類早已先考慮到地球生命對別的行星世界的威脅了。目前我們送往火星的登陸小艇都要經過高溫（約 125℃）消毒好幾天，別的世界如有生命，對地球肯定也有威脅，所以風險是有的。我們擔心和我們不一樣的基因來侵略我們，所以未來不管是機器人或太空人，從別的星球回來，一定要經過隔離觀察、消毒，因為我們怕一些不是地球生態的細菌，會傳染到地球上來，而地球的生物又沒辦法抵擋。至於那些比我們更高文明的外太空生命，他們會不會來侵略我們？我認為是不會的，這是我的一個信念：如果他們的文明高到可以來拜訪地球，我想他們一定是很理智與愛好和平的，不然他們他們早就因自相殘殺而滅亡了。

尋找這樣高文明的生命，對我來講，最大的動機就是向他們學習。首先，有這種文明的存在，證明我們地球文明可能有機會活得很久。像我們自己的生態被破壞成這樣，可以活多久沒有人知道，可是如果我們發現一個已經活了一百萬年的文明，那就代表我們的文明至少也有機會可以活到一百萬年。另外，他們比我們先進那麼多年，懂的東西一定比我們多很多，可以跟他們學習的地方一定不少，這對人類文明的推進一定大有幫助。

蔡：發明 PCR 的 Mullis 也主張要尋找外太空生命，他認為我們可以向外星人請教如何防備彗星撞地球的問題；對於彗星撞地球這個問題，NASA 有沒有做什麼努力？

李：Mullis 是我認為最聰明的人類之一，他的聚合酵素連鎖反應器是基因研究必要的工具。我很高興他要向外星人請教如何防備彗星撞地球的問題。NASA 現在可以找到、追蹤兩、三萬個小行星、彗星，至於擔不擔心它們會撞上地球呢？只能說，至今還沒有找到一個會撞上地球的小行星或彗星。像上次有個很接近地球，幾乎是切線過去的，如果它撞到地球是很不得了的。彗星撞地球的危機大概是一億年一次，上次使地球物種滅絕的碰撞發生在六千五百萬年前。木星對地球的保護也很重要，它會擾亂彗星的方向。當然，彗星撞地球是一個機率的問題，到底下一顆彗星碰撞什麼時候會來誰也說不準，近期？百、千、萬年以後？幾百萬或幾千萬年後？也許我們這一代能碰上或千萬代都碰不到，但肯定的是人類可能有些科技能力抵抗一下。這樣，你說要不要擔心這個問題呢？

程：那麼，您有信心可以找到外太星生命嗎？

李：目前來講，應該是有信心的。雖然現在還沒有找到藍色星球，不過我們已經掌握了尋找的技術，核心技術靠都卜勒效應和高解析度的可見光望遠鏡，現在我們每天都在找，我相信總有一天會找到。這是我最大的心願，我覺得這是非常振奮人心的事。如果真能找到一顆這樣的星球，那要算是人類有史以來最大的發現了！

曾：最後想請教一下李博士，您對臺灣太空科技的未來發展方向有何建議？

李：我這次回來，常有人問我這個問題。其實在我回來之前，一直覺得臺灣發展太空科技要務實，就是要考慮政治、地理、經濟、文化等因素。未來的衛星市場很大，發展衛星需要一筆很大的錢，如果發展成功，那以後別的國家需要衛星，就會來臺灣買，這筆錢需要政府的長期投資。我也很贊成國科會主委黃鎮臺博士的看法，他認為臺灣應先發展衛星零件，並把它當成臺灣社會科技發展的「火車頭」。從發展衛星零件開始，可以衍生出許多其他與太空無關的科技發展效益。先把這步跨出去，再看發展。

這是一個符合策略管理的思維，有巨大應變、發展的潛力，以臺灣目前的實力，是一個可以付諸實施的方案。

與李博士訪談是十分愉快的經驗，但由於時間的關係，就只好到這邊結束了。

致謝：感謝《新新聞》週報的協助。

（原刊於《科學月刊》1999年9月號）

附錄二

——專訪美國航空暨太空總署李傑信博士

孫嘉芳專訪

> 「他跳出冷冰冰的純理性科學世界，而在科普這一無比重要的社會領域，熱情無私的奉獻自己。這是太空物理學家李傑信的另外一面，也是非常重要的一面。」——作家劉大任先生

對李傑信來說，物理世界就算在絕對零度之下，也絕對不是寒冷無情的。跨足物理、生物與科技管理領域，熱心於推動科普的李博士，對於科學的各種奧秘，仍然充滿兒童般的好奇心。他將眼光投向太空，超越人類足跡所不能至之處，並協助人類前往這些地方。同時他也不惜投入精力，拓展國內年輕人的眼界。

李傑信博士這次回臺參加母校臺南一中的八十週年校慶，並接受南一中的傑出校友獎座。交通大學科幻研究中心把握這次機會，邀請李博士到交通大學演講「生命的起源」，李博士欣然應允。本刊也得以於 12 月 18 日交大的場次，在演講前專訪到李博士。雖然行程匆匆，

當晚下雨交通不便，李博士仍提前來到，表情閒適的侃侃而談。

✢ 人類的生命

李博士開宗明義，提到為什麼學物理的人要來講生物；其實，物理學家天生就適合研究生物學，研究生命是如何使原子和分子組合成現在的形式。發現雙螺旋的科學家之一克里克 (Crick)，本身就是物理學家。

生命最初的形式，是從胺基酸開始，起源可能來自太空。天文望遠鏡觀測到太空中有氫、碳、氮、氧、硫等元素；隕石通過星雲中尚未形成星球的胺基酸帶，而將胺基酸帶到地球。然而生命不論是偶然（地球外生命）或源自星球本身，還是無法解釋這個違反熱力學第二定律（熵）的複雜體系當初是如何起源。這也是這次演講的重心。

在生物學領域，NASA 也成立了太空生物學 (Astrobiology) 中心，研究有三大主題：生命的起源、生命如何發展，及生命往哪裡去——未來的方向。現在該中心還是個虛擬中心 (Virtual Center)，也就是沒有實際的地點，由參與的大學研究單位互相聯繫。

談到人類的將來要往哪裡去，對於人類已經停止演化的說法，李博士表示這個推論有些武斷。所有的物種都會持續不斷的演化。而且基因的突變很容易發生，地球環境有許多刺激，如輻射，就很容易引起突變。人類對演化的機制還不完全了解，演化究竟是緩慢的過程還是跳躍式的，兩方面都有證據出現。(亞瑟克拉克的科幻小說《童年末日》，就假設人類在一代之間發生演化）說到實際的科學研究，已有研究報告顯示，根據化石證據比較地球各物種的壽命，人類的生命可能還有四千年至七百萬年，標準差為 5%。也就是說，以統計來看，有 95% 的機率，人類這個物種可能在四千年至七百萬年內滅絕。那如果移民到外太空呢？李博士答道，外太空的環境不同，變因一經改變，數目就不得而知了。

✢ 人類上太空

李博士的《追尋藍色星球》一書中，對於人類在微重力狀態下遇到的情形有精采描述。問及人類長期太空旅行的可能性，李博士回答，太空人的生理適應上，最需要克服的就是骨質疏鬆與輻射傷害。

正常重力下，人類肌肉與骨骼會與重力相抗，但長期處於微重力狀態下（六個月以上），太空人會產生嚴重的骨中鈣質流失，甚至可能失去 25% 的骨骼重量 (Bone Mass)，情形與老年人的骨質疏鬆症 (Osteoporosis) 類似，身體會變得相當虛弱，在正常重力下甚至無法站立。美

參議員葛蘭 (John Glenn) 就針對這個問題，於三十六年後重返太空，獻出身體為實驗樣品，收集更多數據。

現在對付骨質流失仍無法獲得理想解決，目前太空人只有多運動，常作衝擊性的跑步動作。至於像電影《火星任務》中的旋轉人工重力裝置，李博士表示造價太昂貴，還不可能實現。不過到達火星後，在大約 38% 地球重力下，人類仍可生活，不至於骨骼疏鬆。人類適應力很強，即使上月球和火星居住，回到地球生理上還是可以適應。另外，對於太空中強輻射問題，目前較實用和有效的，是以水作保護層，隔絕太空中的輻射線。

然而，對於人類的太空計畫，李博士提到了一個現實的難題，就是目前人類無法進行 4.2 光年以外（恆星際）的太空旅行。這是由於社會、政治與經濟的運作方式不許可。比如美國總統任期是四年，而太空計畫的預算申請是有時效性的。美國不會耗費百年的國家預算去支持這樣的計畫，這個星球上，沒有一個國家，即使專制國家也一樣，能負擔這樣政治自殺性的太空任務。人民沒有辦法以傾國之力來支持如此龐大的計畫。

✢ 古道熱腸

科幻研究中心主持人葉李華博士與李博士是忘年之交，李博士熱心推動科普教育，對葉博士力振國內科普與科幻風氣相當勉勵，並答允擔任科幻中心榮譽顧問。這次順便來領證書，科幻中心要將證書框裱，李博士笑說不用，行李太重框子裝不下，要用袋子裝著。對於這紙證書，李博士不要華麗的框子，重視的是內容。到目前為止，科幻中心的榮譽顧問已有三位，另外兩位是倪匡與張系國。

葉博士曾問李博士一個問題，離開物理研究領域，從事行政會不會有些不捨？李博士回答，目前管理的計畫項目下有七十多個科學家，七位諾貝爾獎得主，研究有了突破都會打電話回來告訴他，雖然自己已經沒有在研究，與那些科學家談論研究甘苦，仍然是一件令人快慰的事。本屆諾貝爾物理獎得主 Wolfgang Ketterle，就是李博士計畫項目的研究員，目前是麻省理工學院的物理教授。Ketterle 是由於在 Bose-Einstein Condensation (BEC) 的突破而獲獎。李博士提到這位目前 43 歲的研究員時曾說，由於實驗經常必須做到很晚，整整四年間 Ketterle 博士幾乎沒有回家吃晚飯，得獎前二個月妻子離開了他，作研究的甘苦盡在不言中。本屆諾貝爾獎百年慶典在瑞典舉行，許多得主與他們的研究伙伴、同事均前往，李博士亦應邀出席。

演講前葉博士笑稱，李博士目前的嗜好，除了推廣科學之外，還有培養諾貝爾獎得主；雖然是玩笑，但是問到諾貝爾獎得主真的看得出來嗎？李博士閒聊間也談到諾貝爾獎的頒給原則。會得諾貝爾獎的科學家，幾年前的確有跡可循，如最近某位博士，常聽到學術界不同領域科學家談論他的研究，研究若是能得到跨領域的口碑，就是一種指標，另外獲得國際性大獎，當選科學院院士，也是徵兆。但要從根起培養出一個諾貝爾得獎研究，則是件大工程。

李博士推廣科普，除了已有兩本科普書籍《追尋藍色星球》、《我們是火星人?》問世，並已著手寫第三本。新書目前是以探討生命起源開頭，寫下去可能有新方向。問他通常寫一本書要參考多少資料，李博士說至少要看二十本書，五十篇期刊。

趁著回大學演講，李博士也與清大幾位老友把酒言歡。清大電機系李雅明博士與李博士是舊識，李傑信博士這次在路上見到他，大聲招呼之際卻一時想不起名字，李雅明博士一見他拍頭苦思就大呼：李雅明！兩人默契十足。清大物理系朱國瑞教授是李博士在臺大時，一起讀書的老同學，國家太空計畫辦公室吳岸明博士是李博士的老同行，幾位老朋友科學、政治、經濟無所不談，短短一聚，已到了晚上十一點，趕著夜裡回臺北的巴士，李博士又繼續他漫長的旅程。

（原載於交通大學科幻研究中心網站）

名詞索引

2 劃

3 劃

4 劃

5劃

6 劃

7 劃

8 劃

9劃

10 劃

11 劃

12 劃

13 劃

14 劃

15 劃

16 劃

17 劃以上

人名索引

一、中文人名

二、外文人名

【世紀文庫／科普 005】

當數學遇見文化

洪萬生；英家銘；蘇意雯
蘇惠玉；楊瓊茹；劉柏宏 著

你知道嗎？三次方程式的解法竟涉及醜聞？
武俠小說《射雕英雄傳》的全真道士也研究數學？
日本寺廟祈福的繪馬，曾經是用來發表數學研究的？
不同的文化，看見相同的數學！
發生穿越時空的數學交流？
阿拉伯人善於處理遺產問題？
希臘人不只會製造浪漫，更會欣賞數學？
本書作者群長期致力於數學教育，他們以極富啟發性的文字，結合歷史敘述的手法，以時間軸貫穿數學與數學家的故事。當中特別擷取幾篇具有代表性的專欄文章，希望藉此呈現數學 vs. 文化的所有面向。

【小貝殼系列】

微積分的歷史步道

蔡聰明 著

微積分如何誕生？微積分是什麼？
微積分研究兩類問題：求切線與求面積，分別發展出微分學與積分學。
微積分最迷人的特色是涉及無窮步驟，落實於無窮小的演算與極限操作，所以極具深度、難度與美。
從古希臘開始，數學家經過兩千年的奮鬥，累積許多人的成果，到了十七世紀，終於由牛頓與萊布尼茲發展出微分法並且看出微分與積分的互逆性，從而揭開求切、求積、求極、變化與運動現象之謎，於是微積分誕生。講述這段驚心動魄的思想探險之旅，就構成了本書的主題。

國家圖書館出版品預行編目資料

別讓地球再挨撞／李傑信著.－－初版二刷.－－
臺北市：三民，2010
面；　公分.－－(世紀文庫:科普002)
含索引
ISBN 978-957-14-4429-1　(平裝)
1. 太空科學－通俗作品
2. 生命論－通俗作品
326　　94023432

著作人　李傑信
發行人　劉振強
著作財產權人　三民書局股份有限公司
臺北市復興北路386號
發行所　三民書局股份有限公司
地址／臺北市復興北路386號
電話／(02)25006600
郵撥／0009998-5
印刷所　三民書局股份有限公司
門市部　復北店／臺北市復興北路386號
重南店／臺北市重慶南路一段61號
初版一刷　2006年1月
初版二刷　2010年5月
編　號　S 300130
行政院新聞局登記證局版臺業字第〇二〇〇號

ISBN 978-957-14-4429-1　(平裝)
http://www.sanmin.com.tw 三民網路書店